U0295189

医用电子仪器实训教程

主　编　王　艳
副主编　程海凭　莫国民
参　编　郝丽俊　蒋淑敏

上海交通大学出版社
SHANGHAI JIAO TONG UNIVERSITY PRESS

内容提要

本书选用医用电子仪器所需的医用电子线路和数字化医疗仪器这两大技术基础模块,并将数字心电图机的维修作为技能模块。全书分为三大模块,一是医用电子线路,二是数字化医疗仪器,三是数字心电图机维修,共计实训任务 49 个。

本书可作为高等院校本科生物医学工程专业和高职高专医疗器械类专业教学使用,也作为医用电子仪器修理工的实训教程。

图书在版编目(CIP)数据

医用电子仪器实训教程 / 王艳主编. —上海:上海交通大学出版社,2017(2024 重印)
ISBN 978 - 7 - 313 - 17406 - 2

Ⅰ.①医… Ⅱ.①王… Ⅲ.①医疗器械−电子仪器−高等学校−教材 Ⅳ.①TH772

中国版本图书馆 CIP 数据核字(2017)第 143239 号

医用电子仪器实训教程

主　编:王　艳			
出版发行:上海交通大学出版社	地　　址:上海市番禺路 951 号		
邮政编码:200030	电　　话:021 - 64071208		
印　制:上海盛通时代印刷有限公司	经　　销:全国新华书店		
开　本:787 mm×1092 mm　1/16	印　　张:13.5		
字　数:278 千字			
版　次:2017 年 7 月第 1 版	印　　次:2024 年 7 月第 5 次印刷		
书　号:ISBN 978 - 7 - 313 - 17406 - 2			
定　价:45.00 元			

前　言

　　医学仪器是理、工、医学科交叉,光、机、电技术融合的产物。医用电子仪器是医学仪器的主要部分,包括生理信息监测仪器、监护类设备、医学影像设备、生化检验仪器和治疗仪器等,种类繁多,每种仪器都具有不同的结构和技术特点,涉及的学科跨度大、技术更新速度快。开展医用电子仪器实训教学,不可能面对每种仪器设备,只能选取典型医用电子仪器,讲解所需的理论知识及岗位技能,因此,本书选用医用电子仪器所需的医用电子线路和数字化医疗仪器这两大技术基础模块,并将数字心电图机的维修作为技能模块。

　　本书是生物医学工程和医疗器械类专业的实训指导教材,培养学生医用电子仪器的原理分析、设计和维修能力。全书分为三大模块,一是医用电子线路模块,包括基本仪器的使用,放大器、信号发生器、滤波器和直流稳压电源电路的分析与设计;二是数字化医疗仪器模块,采用 MSP430 系列单片机为微控制器,包括显示输出、键盘输入、定时器控制、A/D 转换、D/A 转换、实时时钟、异步串行口通信、步进电机和综合实训;三是数字心电图机模块,包括模拟放大器、数字电路和电源的故障分析与排除。三个模块实训任务共计49 个。

　　本实训教程可作为高等院校本科生物医学工程专业和高职高专医疗器械类专业教学使用,也可作为医用电子仪器修理工的实训教程。其中模块一(技能实训一)由程海凭老师编写,模块二(技能实训二)由王艳老师编写,模块三(技能实训三)由莫国民、郝丽俊和蒋淑敏老师编写。此外,乐建威、张欣、李晓欧、吕丹、樊丞成和刘红老师也为本书的编写做了不少工作。在此向上述作者致以诚挚的谢意!

　　由于时间仓促,加上作者水平有限,书中存在的错误和不足之处,恳请读者批评指正!

编　者

2017 年 5 月

目 录

技能实训 1

医用电子线路

概述　基本实验仪器使用说明

医用电子线路实训环节中,需要使用数字万用表、函数信号发生器和双通道示波器等仪器,以及专用的医用电子线路实验箱,用以完成对几种典型医用电子线路的激励、测试、调节和分析。所以,在实训开始前,应全面地了解这些仪器的使用方法——了解各个旋钮、按键、拨盘、开关的作用;了解各种指示灯、面板标示、指示读数、显示波形的含义;了解各种应用条件下的预置、接线、调整、释读的操作方法等内容。这对于顺利地完成实训任务是非常必要的。事实上,能熟练地使用这些仪器,也是实训所要达到的主要目的之一。为此,特编写概述,作为仪器使用的说明。

实验安全是首先应注意的。一是人身安全,应避免人体接触 220 V 交流电源,避免用螺丝刀等金属器件插入带电的电源插孔。二是财产安全,避免高电压短路、高电压进入低压电路;避免机箱进水;避免尖利物品、高温烙铁等触碰显示屏、仪器面板;操作旋钮应轻柔;插拔电源插头、表笔插头、实验引线时,应手握插头坚固部位,不应拉扯引线,以免导线内部断裂。

1.0.1　MS8040 台式数字万用表简要操作说明

图 1.0.1 为 MS8040 台式数字万用表面板。

图 1.0.1　MS8040 台式数字万用表面板

1. 性能特点

(1) 四位半十进制数字显示。

(2) 10 μV 的电压分辨率,0.01 μA 的电流分辨率。

(3) 直流精度 0.05%。

（4）直流电压、交流电压（真有效值）测量。

（5）直流电流、交流电流（真有效值）测量。

（6）电阻、通断、电容测量。

（7）hFE、二极管、温度测量。

（8）线性频率、逻辑频率/占空比测量。

（9）峰值保持，最大值/最小值、相对值测量。

（10）自动量程切换功能。

（11）低通滤波功能。

（12）背光夜视功能，定时省电功能。

（13）RS232 接口与 PC 机连接功能。

2. 按键与端口说明

表 1.0.1 为 MS8040 台式数字万用表面板的按键和端口说明。

表 1.0.1　MS8040 台式数字万用表面板按键、端口说明

键端标志	功　能　说　明
⭘━	总电源开关，位于机箱后面板，一字位按下开，O 字位按下关。
VΩHz	除电流测量外的所有测量功能的输入端，使用红表笔连接。
COM	所有测量的公共输入端，使用黑表笔连接。
μA/mA	测量 μA、mA 电流时的正输入端，使用红表笔连接。
A	测量 A 电流时的正输入端，使用红表笔连接。
旋转开关	挡位/电源切换开关。使用时先切换挡位，再输入信号，以免损坏仪器。
FUNC	功能切换键。用于切换测量子功能。
✹	背光键。触发打开或关闭背光。本机无操作 15 min 以上便自动休眠，休眠前蜂鸣器鸣响 3 声。自动休眠后，长按 3 秒✹键可唤醒仪器。
RANGE	量程切换键（开机默认自动量程状态，若显示"OL"则提示被测值超过量程）。 (1) 自动量程（显示屏"AUTO"）时，触发进入手动量程（显示屏"MANU"）。 (2) 手动量程时，按键<1 s，在各量程间切换。若按键>1 s，切换至自动量程。
Hz/%	频率和占空比循环切换键。 (1) 测量交流电压时，连触此键，在电压、频率和占空比之间循环切换。 (2) 测量频率时，连触此键，在频率和占空比之间循环切换。
HOLD	保持键。按下则进入保持状态，冻结显示（超量程时显示超载符号）。
PEAK	峰值切换键。仪器自动保持输入信号的最大和最小峰值。 (1) 触发此键<1 s 时，则在最大峰值和最小峰值间切换。 (2) 按下此键>1 s 时，退出峰值显示状态（自动进入校准"CAL"）。
MAX/MIN	极值切换键。 (1) 触发此键<1 s，显示在最大值（"MAX"）、最小值（"MIN"）和当前测量值（"MAX"和"MIN"同时闪烁）间循环切换。 (2) 若触发时间>1 s，则返回测量状态。

（续表）

键端标志	功 能 说 明
LPF	低通滤波键。交流电压测量时,触发此键则激活低通滤波(显示闪烁"AC"),再次触发则退出低通滤波。
REL△	相对值测量键。触发此键记录初值,进入相对值测量状态(显示"REL"),其后,显示值＝当前测量值－初值。
PC-LINK	传送数据键。按下此键,仪器向 PC 机传送数据(显示"RS232")。

3. 使用步骤

表 1.0.2 为 MS8040 台式数字万用表的典型应用步骤。

表 1.0.2　MS8040 台式数字万用表典型应用步骤

项　目	操　作　步　骤
直流/交流电压测量	(1) 开机,旋转开关调至 V～(显示"DC"),则可测直流电压。按 FUNC 键(显示"AC"),则测量交流电压。 (2) 红探头——VΩHz 端,黑探头——COM 端,红黑探头连被测电压两端。 (3) 若读数显示"OL",则超量程,立即从被测电压取开红黑探头。 (4) 按 RANGE 键手动选择量程,若最大手动量程提示"OL",则电压超过 1 000 V,立即从被测电压取开红黑探头。 (5) 若需测量直流毫伏/交流毫伏,则旋转开关调至 mV～,其他步骤同上。
电阻/通断/二极管测试	(1) 开机,旋转开关调至 Ω,红探头——VΩHz 端,黑探头——COM 端。 (2) 按 FUNC 键选择 Ω(电阻)或))) (通断)或 ▸┤(二极管)测试。 (3) 测量电阻时,红黑探头接电阻两端,RANGE 键手动选择量程,若读数显示"OL",则电阻大于 220 MΩ。 (4) 通断测试时,红黑探头接待测两点,通(两点电阻小于 30 Ω)则蜂鸣器响,显示屏显示电阻值;断(两点电阻大于 220 Ω)则显示"OL"。通断测试时按 RANGE 键无效。 (5) 二极管测试时,红表笔接二极管正极,黑表笔接二极管负极,显示二极管的正向电压降。 (6) 在电路板上测量电阻和通断时,切记关闭电路板电源后再测。
电容测量	(1) 开机,旋转开关调至 ┤┣,红探头——VΩHz 端,黑探头——COM 端。 (2) 若电容内有电压,短接电容器两端进行放电。 (3) 红黑探头接电容器两端。若为极性电容,红表笔接正极,黑表笔接负极。 (4) RANGE 键手动选择量程,若读数显示"OL",则电容值＞220 mF;若电容值＜10 pF,则显示 0。 (5) 测量 220 μF～220 mF 电容时,因放电时间较长,测量值的刷新较慢。 (6) 不能在有其他器件并联的电路板上测电容。
逻辑频率/占空比测量	(1) 开机,旋转开关调至 Hz,红探头——VΩHz 端,黑探头——COM 端。 (2) 红表笔接逻辑高电平,黑表笔接逻辑低电平。 (3) 若读数为 0,则输入信号幅度过低。 (4) 若占空比测量显示"UL",则占空比＜5%。 (5) 测量频率时,按 Hz/% 键将转测量占空比,再次按则返回频率测量。

(续表)

项　目	操　作　步　骤
直流/交流电流测量	(1) 开机,旋转开关调至 A$\approx$(直流安培/交流安培)、mA$\approx$(直流毫安/交流毫安)或 μA$\approx$(直流微安/交流微安),红探头——μA/mA 端或 A 端,黑探头——COM 端。 (2) 按 FUNC 键选择直流或交流。 (3) 关闭被测电路电源,以串联方式将红黑表笔接入被测电路,再打开被测电路电源。 (4) 直流测量时若读数为正,则电流由红表笔流入本机;若为负,则电流由黑表笔流入本机; (5) 若显示"OL",则电流超过量程。按 RANGE 键手动选择量程。
相对值测量	(1) 按 REL△键,激活相对值测量功能,记录按键瞬间测量值(即初值)。 (2) 读数时,显示值＝当前测量值－初值。相对值测量只对应于数字显示,模拟条显示无变化。 (3) 再次按 REL△键,退出相对值测量。 (4) 此功能可用于所有值的测量,用于小电阻测量时,可消除引线电阻。
最大值/最小值测量	(1) 连续触发 MAX/MIN 键,在最大值(显示"MAX")、最小值("MIN")和当前测量值(MAX,MIN)之间循环切换。 (2) 按 MAX/MIN 键>1 s,则退出最大值/最小值测量状态。

1.0.2　DG1022 双通道函数发生器简要操作说明

图 1.0.2 为 DG1022 双通道函数发生器面板。

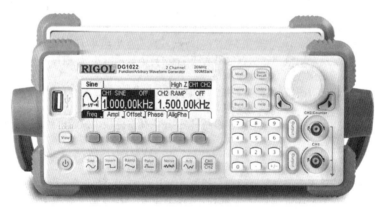

图 1.0.2　DG1022 双通道函数发生器面板

1. 性能特点

(1) DDS 直接数字合成输出信号。

(2) 双通道输出,可通道耦合、通道复制。

(3) 直接可输出 5 种基本波形,内置可加载 48 种函数波形。

(4) 可编辑并非易失性存储 10 种 14 bit、4 k 点的用户自定义任意波形。

（5）100 MSa/s 采样率。

（6）频率特性：正弦波：$1\,\mu Hz \sim 20\,MHz$；方波：$1\,\mu Hz \sim 5\,MHz$。

（7）幅度范围：$2\,mV_{PP} \sim 10V_{PP}(50\,\Omega)$，$4\,mV_{PP} \sim 20V_{PP}$（高阻）。

（8）各种调制波形：AM、FM、PM、FSK、Sweep、Burst 模式。

（9）丰富的输入输出：调制波、10 MHz 基准、外触发输入，波形，同步输出。

（10）频率计功能：$100\,mHz \sim 200\,MHz$ 频率、周期、占空比、正/负脉冲宽度。

（11）USB 接口：支持 USB 存储，波形数据导入，软件升级。

（12）中英文菜单、帮助、输入。

2. 按键与端口说明

表 1.0.3 为 DG1022 双通道函数面板的按键和端口说明。

表 1.0.3　DG1022 双通道函数发生器面板按键、端口说明

键端标志	名　称	功　能　说　明
⊡⊟	总电源开关	位于机箱后面板，一字位开，O 字位关。
⏻	电源开关	按此键发光，电源开通。
View	视图切换	按此键切换：单道常规视图、单道图形视图、双道常规视图。
Sine ⌇	正弦波	设置正弦波：频率，周期，高、低电平，幅值，偏移，相位，同相位。
Square ⊓	方波	设置方波：频率，周期，高、低电平，幅值，偏移，占空比，相位，同相位。
Ramp ⟋	锯齿波	设置锯齿波：频率，周期，高、低电平，幅值，偏移，对称性，相位，同相位。
Pulse ⊓	脉冲波	设置脉冲波：频率，周期，高、低电平，幅值，偏移，脉宽，占空比，延时，同相位。
Noise ⩘	噪声波	设置噪声波：高低电平，幅值，偏移。
Arb ⌇	任意波	设置任意波：频率，周期，高、低电平，幅值，偏移，装载，编辑任意波。
$\dfrac{CH1}{CH2}$	通道选择	按此键在第 1 通道和第 2 通道之间切换，选择见显示屏显示。
▣	菜单组键	显示屏下方共 6 个，对应显示屏正上方定义的菜单功能。
Mod	调制波形	设置调制波形。调制类型：AM、FM、PM、FSK；内外调制；调制相移，调制频率，调制波形。
Sweep	扫频波形	设置频率扫描变化的选中波形。线性扫描，对数扫描，开始频率，终止频率，扫描时间，触发源。
Burst	脉冲串波形	设置脉冲串。设置 N 循环，循环数，相位，延迟，触发。
Store/Recall	存储/调出	存储输入的任意波形，调出存储的任意波形。
Utility	辅助	辅助设置：同步，通道 1，通道 2，通道耦合，通道复制，频率计，System，接口设置，自检和校准，PA。

（续表）

键端标志	名　称	功　能　说　明
Help	帮助	可调出 10 条帮助信息。
0～9 .+/−	数字,数点 正负号	可用数字直接设置波形参数。
⬤	旋钮	旋转可增减数值,大小在 0～9 之间变化,或切换内建波形种类、任意波文件等。
🠔 🠖	方向键	光标左右、上下移动键,切换数值位数、任意波文件等。
Output	输出使能	输出使能按键,上下两个,上为 2 通道,下为 1 通道。发光有效,有效时才有输出信号。
CH2/ Counter	2 通道插座/ 频率计插座	2 通道信号输出线插座,同时也作为被测频率信号输入插座。
CH1	1 通道插座	1 通道信号输出线插座。
⟜•⟝	USB 接口	支持 USB 存储,波形数据导入,软件升级。

3. 使用步骤

表 1.0.4 为 DG1022 双通道函数的典型操作步骤。

表 1.0.4　DG1022 双通道函数发生器典型操作步骤

项　目	操　作　步　骤
输出: 正弦波 Sine 方波 Square 锯齿波 Ramp 脉冲波 Pulse	(1) 输出端子连接输出电缆(上 2 通道,下 1 通道)。 (2) 按电源开关,电源开通。 (3) 按 CH1/CH2 键,确定通道号(与端子号相同)。 (4) 按 Sine(或者 Square、Ramp、Pulse)键。 (5) 按频率→数字键入→选择单位;或用方向键切换数值位数,再用旋钮增减数值,方向键到单位,再用旋钮移动小数点和变换单位。 (6) 按幅值→数字键入或旋钮增减,方法同上。 (7) 按偏移→数字键入或旋钮增减,方法同上。 (8) 方波、脉冲波:按占空比→数字键入或旋钮增减,方法同上。 (9) 锯齿波:按对称性→数字键入或旋钮增减,方法同上。 (10) 脉冲波:按延时→数字键入或旋钮增减,方法同上。 (11) 按相位→数字键入或旋钮增减,方法同上。 (12) 按同相位菜单键,可使双通道输出时相位相同,单通道使用时无用。 (13) 按 Output 键(上 2 通道,下 1 通道)。
输出: 噪声波 Noise	(1) 按 Noise 键,幅值→数字或调节旋钮;偏移→数字或调节旋钮。 (2) 按 View 键,至图形显示模式观察波形。 (3) 按 Output 键(上 2 通道,下 1 通道)。
输出: 任意波 Arb (如 DC 信号)	(1) 按 Arb 键,按装载→内建→常用(或数学、工程、窗函数、其他)菜单键,调节旋钮,选择选项,按选择菜单键(其中输出 DC 信号时:按装载→内建→其他→DC)。 (2) 按频率、幅值、偏移等菜单键,数字键入或旋钮增减,调节量值。 (3) 按 Output 键(上 2 通道,下 1 通道)。

（续表）

项　目	操　作　步　骤
输出： 幅度调制 波形 AM	（1）按 Sine 键（或 Square、Ramp、Arb，根据需要），设置载波。 （2）按频率→数字或调节旋钮，选单位。 （3）按 Mod 键→类型→AM，设置 AM 调制波。 （4）按内调制→深度→调节旋钮；频率→数字或调节旋钮。 （5）按调制波→选 Sine（或 Square、Triangle、UpRamp、DnRamp、Arb）。 （6）观察波形：按 View 键，至图形显示模式。 （7）按 Output 键（上 2 通道，下 1 通道）。
输出： 频率调制 波形 FM	（1）按 Sine 键（或 Square、Ramp、Arb，根据需要），设置载波。 （2）按频率→数字或调节旋钮，选单位。 （3）按 Mod 键→类型→FM，设置 FM 调制波。 （4）按内调制→频偏→数字或调节旋钮；频率→数字或调节旋钮。 （5）按调制波→选 Sine（或 Square、Triangle、UpRamp、DnRamp、Arb）。 （6）按 View 键，至图形显示模式观察波形。 （7）按 Output 键（上 2 通道，下 1 通道）。
输出： 扫频波形 Sweep	（1）按 Sine 键（或 Square、Ramp、Arb，根据需要），设置载波。 （2）按频率→数字或调节旋钮，选单位。 （3）按 Sweep 键→线性→开始→数字或调节旋钮，中心→数字或调节旋钮，终止→数字或调节旋钮，范围→数字或调节旋钮，时间→数字或调节旋钮。 （4）按触发→触发源→内部，输出→上升边沿。 （5）按 Output 键（上 2 通道，下 1 通道）。
输出： 脉冲串波形 Burst	（1）按 Sine 键（或 Square、Ramp、Pulse、Arb，根据需要），设置载波。 （2）按频率→数字或调节旋钮，选单位。 （3）按 Burst 键→N 循环→循环数→数字或调节旋钮，相位→数字或调节旋钮，周期→数字或调节旋钮，延迟→数字或调节旋钮。 （4）按触发→触发源→内部，输出→上升边沿。 （5）按 Output 键（上 2 通道，下 1 通道）。
设置亮度、对比度	按 Utility 键，按➡→System→显示→亮度，调节旋钮；按对比度，调节旋钮。
设置中文字	按 Utility 键，按➡→System→Lang→中文简。
设置声音关	按 Utility 键，按➡→System→声音关。
读帮助信息	按 Help 键，调节旋钮选择条目，按选中菜单键。

1.0.3　DS1072 双通道数字示波器简要操作说明

图 1.0.3 为 DS1072 双通道数字示波器操作面板。

1. 性能特点

（1）双通道模拟信号输入，每通道带宽 70 MHz。

（2）实时采样率 400 MSa/s，等效采样率 25 GSa/s。

（3）高清晰彩色液晶显示系统，320×234 分辨率。

（4）自动波形、状态设置（AUTO）。

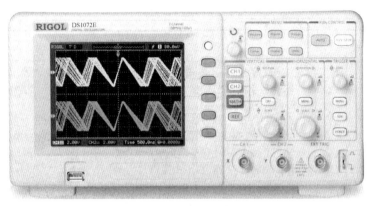

图 1.0.3　DS1072 双通道数字示波器操作面板

（5）自动测量 20 种波形参数。

（6）自动光标跟踪测量功能。

（7）数字滤波器，包含 LPF，HPF，BPF，BRF。

（8）多重波形数学运算功能：A+B、A−B、A×B、FFT 变换。

（9）波形存储和回放功能，每通道存储 512K 采样点，8 比特分辨率。

（10）多种触发方式：边沿、脉宽、斜率、视频、交替。

（11）多国语言菜单显示，中英文帮助、输入。

（12）USB 接口：支持 USB 存储，打印，软件升级。

2. 按键与端口说明

表 1.0.5 为 DS1072 双通道数字示波器面板的按键和端口说明。

表 1.0.5　DS1072 双通道数字示波器按键、端子说明

区域说明	键、端标志	功　能　说　明
顶部左侧	⏻	电源开关，按下开机。
VERTICAL 垂直区	CH1	1 通道菜单键。可设置耦合方式、20 MHz 带宽限制、探头衰减率、数字滤波（低通、高通、带通、带阻）、挡位调节、波形反相。
	CH2	2 通道菜单键。菜单功能同 1 通道。
	MATH	数学运算键。1 通道信号与 2 通道信号数学运算设置。包括：A+B、A−B、A×B、FFT（窗函数、显示）。
	REF	参考键。可以存储多个电路工作点的参考波形，将实测波形和参考波形样板比较，判断故障原因。
	POSITION ↓Zero	垂直位置调节旋钮。调节波形垂直位置，按下基线回零（中间）。
	OFF	关闭键，关闭当前对 CH1 或 CH2 的操作。
	SCALE ↓Vernier	垂直刻度调节旋钮，按下可进行微调。

（续表）

区域说明	键、端标志	功　能　说　明
HORIZONTAL 水平区	POSITION ↓Zero	水平位置调节旋钮,按下基线回零(中间)。
	MENU	水平系统菜单键,可以开关延迟扫描,切换 Y-T、X-Y、ROLL 模式,水平触发位移复位。
	SCALE ↓Delayed	水平刻度调节旋钮,按下进入延迟扫描状态。
TRIGGER 触发区	LEVEL ↓Zero	触发电平调节旋钮,按下触发电平回零(中间)。
	MENU	触发系统菜单键,可设置触发信源、模式、方式、类型、灵敏度、触发释抑与否、时间,耦合等。
	50%	50%触发键,设触发电平为信号幅度50%。
	FORCE	强制触发键,强制产生一个触发信号,用于普通和单次触发。
MENU 菜单区	Measure	测量系统菜单键。20 种自动测量,包括:峰峰值、最大值、最小值、顶端值、底端值、幅值、平均值、均方根值、过冲、预冲、频率、周期、上升时间、下降时间、正占空比、负占空比、通道1→2上升(下降)延迟、正脉宽、负脉宽。
	Acquire	采样系统菜单键。可设置采样获取方式、平均次数、采样方式、存储深度、采样率等参数。
	Storage	存储系统菜单键。可对内部存储和 USB 设备存储的波形和设置文件保存、调出、命名、删除。
	Cursor	光标系统菜单键。可设置手动、跟踪、自动光标测量电压和时间参数。
	Display	显示系统菜单键。可设置波形显示类型、波形清除、波形保持、波形亮度、屏幕网格、网格亮度、菜单保持、屏幕显示模式等。
	Utility	辅助系统菜单键。可设置接口、声音、频率计、语言、通过测试、波形录制、打印设置、快速校准、自校正、系统维护、参数设置等。
RUN CONTROL 运行控制区	AUTO	自动设置键。自动设置各系统状态,快速获取波形。也能菜单设置多周期、单周期、上升、下降沿。
	RUN/STOP	运行/暂停控制键。实时采样或冻结测量波形。
显示菜单区	MENU ON/OFF	显示菜单开/关键。屏幕右侧显示菜单的开/关。
	▭	多用途菜单组键。显示屏右侧外共 4 个,对应显示屏右侧定义的菜单功能。
独立区	↻	多功能旋钮。可以调节显示的次级菜单选项和大小。
接线端区	CH1/X	1(X)通道信号输入端,信号最高 300 V。
	CH2/Y	2(Y)通道信号输入端,信号最高 300 V。

区域说明	键、端标志	功　能　说　明
接线端区	EXT TRIG	外触发信号输入端,信号最高 300 V。
	⊓⌐	自检信号输出端,1 kHz,3 V 方波。
显示屏下	⟷	USB 接口。支持 USB 存储,打印,软件升级。

3. 使用步骤

表 1.0.6 为 DS1072 双通道数字示波器的基本操作步骤。

表 1.0.6　DS1072 双通道数字示波器基本操作步骤

项　　目	操　作　步　骤
探笔自检和补偿操作	(1) 按电源开关,开机。 (2) 分别用黄圈和蓝圈标识两个探笔两头。 (3) 连接黄圈探笔到 CH1 端。 (4) 探笔衰减量选择×1(或×10),信号<40 V 用×1,40~400 V 用×10。 (5) 探笔钩连接⊓端,探笔夹连接⌐端。 (6) 按 CH1 键,按探头→1×(或 10×),与探笔衰减量一致。 (7) 按 AUTO 键,显示黄色波形,应该是方波,如果有顶部失真,用改锥调整探头上的螺口,直至呈现良好的 1 kHz/3 V 方波。 (8) 连接蓝圈探笔到 CH2 端,重复类似上述操作。
垂直系统调节	(1) 按 CH1 键(或 CH2 键,根据信号连接端号)。 (2) 旋转 POSITION 旋钮,波形上下移动,左侧箭头也上下移动。 (3) 按下 POSITION 旋钮,左侧箭头快速回复到中间。 (4) 旋转 SCALE 旋钮,改变垂直挡位,Volt/div 变化,波形高低变化。 (5) 按下 SCALE 旋钮,进入微调。 (6) 按耦合→直流,则左侧箭头指示 0 电平。 (7) 如耦合→交流,则左侧箭头指示交流平均电平。 (8) 如耦合→接地,则断开信号,显示 0 电平线。 (9) 按 OFF 键,关闭当前选择的通道。
水平系统调节	(1) 旋转 POSITION 旋钮,波形水平移动,顶端箭头水平也移动。 (2) 按下 POSITION 旋钮,顶端箭头快速回复到中间。 (3) 旋转 SCALE 旋钮,改变水平挡位,s/div 变化,波形宽度变化。 (4) 按下 SCALE 旋钮,进入延迟扫描状态。
触发系统调节	(1) 按 MENU 键,显示触发菜单。 (2) 菜单触发模式→边沿触发。 (3) 菜单信源选择→CH1(或 CH2),选信号周期稳定的通道。 (4) 菜单边沿类型→上升沿(或下降沿),选信号光滑的边沿。 (5) 菜单触发方式→自动,保证总是有波形或扫线。 (6) 调节 LEVEL 旋钮,改变触发电平,橘红色触发线及三角触发标志上下移动,当触发线与触发信源波形交叉时,波形可稳定;否则波形横向行进。 (7) 按下 LEVEL 旋钮,触发电平快速回复到中间。 (8) 按 50% 键,触发电平在触发信号幅值的垂直中点。

（续表）

项　目	操　作　步　骤
自动测量功能	（1）按 Measure 键,显示测量菜单。 （2）按信源选择→CH1。 （3）电压测量→多功能旋钮→峰峰值;多功能旋钮→平均值。 （4）时间测量→多功能旋钮→频率。 （5）按信源选择→CH1,全部测量;清除测量。 （6）对 CH2 可做同样操作。

波形要求：稳定清晰、明亮细致、位置适当、大小适中。

1.0.4　医用电子线路实验箱说明

图 1.0.4 为医用电子线路实验箱的面板,分为放大器操作区、滤波器操作区、直流稳压电源操作区和辅助信号源等几大部分。

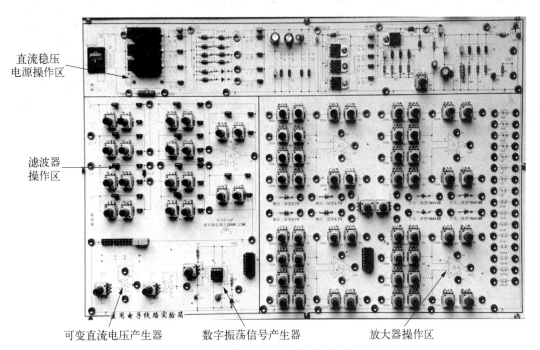

图 1.0.4　医用电子仪器实验箱面板

1. 放大器操作区

放大器操作区位于实验箱右半部位,其中有 A_1、A_2、A_3 和 A_4 四个运算放大器,用以实现各种线性放大电路。两个输入端都各连接有 3 组电位器,用以调节达到 $0.1\sim205\ \text{k}\Omega$ 之间任意的电阻值。用 $200\ \text{k}\Omega$ 和 $5\ \text{k}\Omega$ 两个电位器串联,$200\ \text{k}\Omega$ 用作粗调,$5\ \text{k}\Omega$ 用作细调。电路结构通过专门的实验插线连接构成。区域右边和中间还预设了独立的 4 种(共16 个)电容、3 种(共 8 个)二极管和 2 个电位器,用以灵活地在电路中增添元件。

2. 滤波器操作区

滤波器操作区位于实验箱左半中部,由一个运算放大器和预联的电阻电容网络组成,可以方便地实现常见的几种一阶和二阶低通、高通、带通、带阻滤波器结构。电阻也是由 200 kΩ 和 5 kΩ 两个电位器串联组成,并联 0.1 μF 电容。电路实际结构由安插短接块决定。

3. 辅助信号产生区

实验箱左下部有两个可变直流电压产生器,可产生 $-12 \sim +12$ V 之间任意直流电压,并通过跟随器隔离驱动,可用作电路的直流输入电压(0 Hz 信号)。还有一个数字振荡信号产生器,用以方便地产生数字频率信号。

4. 直流稳压电源操作区

直流稳压电源操作区位于实验箱上边,是典型的桥式整流稳压直流电源。其中的保险丝、整流电路、滤波电容和 +5 V 三端稳压芯片等都预设了多种不同情况的元件,它们可能是不同参数,也可能是各种故障,或者元件缺失等情况。例如,保险丝有大电流规格、小电流规格、已经熔断和元件缺失 4 种情况。某一元件的各种情况可以通过安插短接块选择其一连入电路。但在某一元件的各种情况与短接插针之间,各有一组跳线焊点 a、b、c、d 与 A、B、C、D,通过线路板下面走向隐蔽地焊接跳线,使元件情况与短接插针之间关系是隐蔽的。当随意安插短接块时,电路故障情况不能预料,有随机性和隐蔽性特点。要排除故障必须用万用表和示波器进行测量。这种设计的目的是:通过实训,使学生掌握用电子测量仪器检测分析电路以排除故障的技能。

项目 1.1　放　大　器

1.1.1　反相加法放大器的设计和测定(实训任务 1‑1)

1. 操作条件

(1) 仪器：相关实验箱 1 台，万用表 1 只，信号发生器 1 台，示波器 1 台。

(2) 材料：2 mm 两头可续插香蕉插头线(20~30 cm，多种颜色)15 根。

2. 操作内容

(1) 原理电路如图 1.1.1 所示，实验电路如图 1.1.2 所示，原理电路元件与实验电路元件的对应关系如表 1.1.1 所示。

(2) 电路部分元件标称参数如表 1.1.1 所示，其余元件参数按要求计算确定，填入表中空格。

(3) 调整实验电路电位器达到预期参数，实现原理电路连接方式，接通电源。

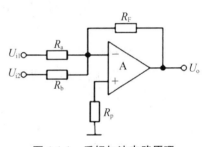

图 1.1.1　反相加法电路原理

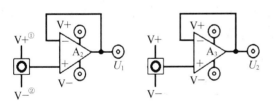
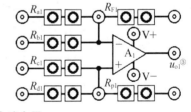

图 1.1.2　实验使用的电路布局

(4) 输入端接入直流输入电压 $U_{i1}^{④}$ 和 U_{i2}。输入电压值按表 1.1.2 要求，测量相应的输出电压 U_o，并填入表中。

(5) 根据表 1.1.2 的数据画出电路输入‑输出关系曲线。

(6) 分析输出电压的测量值与理论值误差的原因。

---

①、②　表示和实验箱上配套的电源正负极。

③　小写的 u 表示交流电压。

④　大写的 U 表示直流电压。

表 1.1.1　原理和实验电路中元件和信号的符号和参数

原理元件	R_a	R_b	R_F	R_p	U_{i1}	U_{i2}	A
实验元件	R_{a1}	R_{b1}	R_{F1}	R_{p1}	U_1	U_2	A_1
标称值			100		如表 1.1.2	如表 1.1.2	TL084
单　位			kΩ				

表 1.1.2　比例运算特性输入输出

U_{i1}/mV		400	500	600	700	800	900	1 000
U_{i2}/mV		150	150	150	150	150	150	150
U_o/V	测量值							
	理论值							

3. 操作要求

(1) 输出电压与输入电压比例放大：$U_o = -U_{i1} - 5U_{i2}$。

(2) 操作尽量使电路性能达到理论预期。

4. 实训任务分析

1) 电路原理

电路为反相加法运算电路：

$$U_o = -\frac{R_F}{R_a}U_{i1} - \frac{R_F}{R_b}U_{i2} = -U_{i1} - 5U_{i2}$$

由此从已知参数可以算得 R_a、R_b 的阻值，并算得平衡电阻 R_p 的阻值。

2) 操作要领

调节阻值时，应在未连接电路的情况下调节电位器。先将左边 200 kΩ 电位器调节到目标值减 2.5 kΩ 左右，再调节右边 5 kΩ 电位器，使两者的串联阻值达到要求。

U_{i1}、U_{i2} 分别可由实验箱左下角的直流电压产生器产生。

1.1.2　电压提升电路的设计和测定(实训任务 1－2)

1. 操作条件

(1) 仪器：相关实验箱 1 台，万用表 1 只，信号发生器 1 台，示波器 1 台。

(2) 材料：2 mm 两头可续插香蕉插头线 (20～30 cm，多种颜色)15 根。

2. 操作内容

(1) 原理电路如图 1.1.3 所示，实验电路如图 1.1.4 所示，原理电路元件与实验电路元件的对应关系如表 1.1.3 所示。

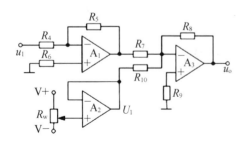

图 1.1.3　电压提升电路原理

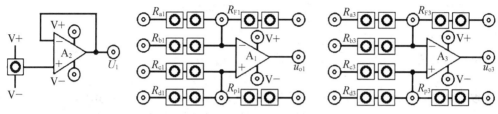

图 1.1.4　实验使用的电路布局

表 1.1.3　原理和实验电路中元件与信号的符号和参数

原理元件	R_4	R_5	R_6	R_7	R_8	R_9	R_{10}	R_w	$A_1 \sim A_3$	U_1
实验元件	R_{b1}	R_{F1}	R_{c1}	R_{a3}	R_{F3}	R_{c3}	R_{b3}	R_{w1}	$A_1 \sim A_3$	
标称值		100	4.7	10	10	3.3	10	10	TL084	
单　位		kΩ	kΩ	kΩ	kΩ	kΩ	kΩ	kΩ		V

（2）电路部分元件标称参数如表 1.1.3 所示，其余元件参数按要求计算确定，填入表中空格。

（3）调整实验电路电位器达到预期参数，实现原理电路连接方式，接通电源。

（4）输入端接入一个锯齿波信号 u_i，如图 1.1.5 所示。计算达到要求时，U_1 要达到的数值，填入表 1.1.3。

（5）调整电位器 R_{w1}，测量电路输出 u_o 的波形，达到要求，在图 1.1.6 中画出输出信号的波形，并标注出波峰、波谷电压值。

（6）测量此时 U_1 的实际值，填入表 1.1.3。

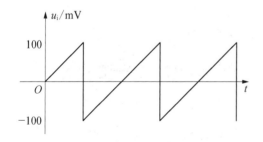

图 1.1.5　输入信号波形

图 1.1.6　输出信号波形

3. 操作要求

（1）在如图 1.1.5 所示输入信号时，使输出电压提升，达到推动 TTL 电路工作的要求——锯齿波峰值高于 TTL 高电平门限，低于 +5 V 电源电压；锯齿波谷值低于 TTL 低电平门限，高于 0 V 电压。

（2）所有电阻在 100 kΩ 内选择。

4. 实训任务分析

电路输入输出关系：
$$u_o = \frac{R_8}{R_7} \cdot \frac{R_5}{R_4} u_i - \frac{R_8}{R_{10}} U_1$$

放大倍数：

$$A = \frac{R_8}{R_7} \cdot \frac{R_5}{R_4} = \frac{u_{op+} - u_{op-}}{u_{ip+} - u_{ip-}}$$

电平提升值：

$$V = -\frac{R_8}{R_{10}} U_1 = \frac{1}{2}(u_{op+} + u_{op-})$$

根据题意，$u_{op+} \approx 4.5 \text{ V}$，$u_{op-} \approx 0.5 \text{ V}$，$u_{ip+} = 100 \text{ mV}$，$u_{ip-} = -100 \text{ mV}$。

计算得到 R_4、U_1 值。操作时函数发生器输出锯齿波，需调节对称性；同时需要保证信号无直流偏置，用示波器确认。此时，示波器必须用直流耦合输入。

1.1.3　多级运算放大器的设计和测定（实训任务 1－3）

1. 操作条件

（1）仪器：相关实验箱 1 台，万用表 1 只，信号发生器 1 台，示波器 1 台。

（2）材料：2 mm 两头可续插香蕉插头线（20～30 cm，多种颜色）15 根。

2. 操作内容

（1）原理电路如图 1.1.7 所示，实验电路如图 1.1.8 所示，原理电路元件与实验电路元件的对应关系如表 1.1.4 所示。

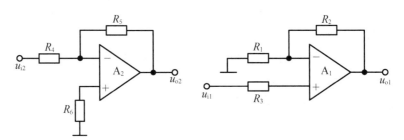

图 1.1.7　两级放大电路原理

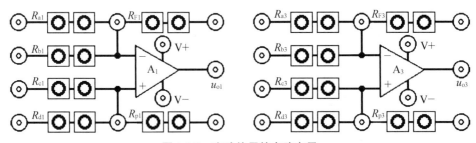

图 1.1.8　实验使用的电路布局

表 1.1.4　原理和实验电路中元件的符号和参数

原理元件	R_1	R_2	R_3	R_4	R_5	R_6	u_{R3}	R_i	A_1、A_2
实验元件	R_{b1}	R_{F1}	R_{c1}	R_{b3}	R_{F3}	R_{p3}	u_{Rc1}	R_i	A_1、A_3
标称值	5		4.5	5		4.5	1		TL084
单　位	kΩ		kΩ	kΩ		kΩ	kΩ		

（2）将电路设计成两级放大电路，按指标要求计算其余元器件参数，填入表 1.1.4。

（3）调整电路电位器达到预期参数，实现电路希望的连接方式，接通电源。

（4）输入 1 kHz 正弦电压 u_i。电压正、负峰值如表 1.1.5 要求，用双踪示波器观测输入电压正、负峰值相应的输出电压峰值并填入表 1.1.5，注意观察输入与输出信号间的相位关系。

表 1.1.5　输入输出信号记录

u_{ip}/mV		0	50	−50	100	−100
u_{op}/V	测量值					
	理论值					

（5）根据表 1.1.5 数据，绘制出输入-输出电压传递特性曲线（分别绘制测量值与理论值）。

（6）输入 100 Hz、有效值 0.7 V 的正弦波电压 u_i，测量 u_{R3}，计算实际电路的 R_i，填入表 1.1.4。

3. 操作要求

（1）输出电压与输入电压比例放大：$u_o = -100u_i$，$R_i > 1$ MΩ。

（2）所有电阻在 100 kΩ 内选择。

4. 实训任务分析

（1）因为要求 $R_i > 1$ MΩ，并且电阻在 1～100 kΩ 的取值范围选择。所以必须同相放大电路 A_2 为第一级，反相放大电路 A_1 为第二级。

（2）电路放大倍数：

$$A = \frac{u_o}{u_i} = \left(1 + \frac{R_2}{R_1}\right)\left(-\frac{R_5}{R_4}\right) = \left(1 + \frac{R_2}{5}\right)\left(-\frac{R_5}{5}\right) = -100$$

由此计算，并依据 1～100 kΩ 的取值范围，确定 R_2、R_5 值。

（3）测量输入与输出电压时，为了观察相位关系，必须用双通道示波器同时显示。对应输入峰值 u_{ip}，读出输出峰值 u_{op}。

（4）测量证明 $R_i > 1$ MΩ：

$$R_i = \frac{u_i}{i_i} = \frac{u_i}{u_{R3}}R_3，测量 u_i、u_{R3}，计算证明之。$$

测量时，必须都用万用表电压交流挡。并且由于 u_{R3} 比较小，接近高频噪声幅度，所以要用万用表低通滤波器功能滤除噪声，触发 LPF 键，激活低通滤波（显示闪烁"AC"）。

1.1.4　同相串联差动放大器设计调节与测试（实训任务 1-4）

1. 操作条件

（1）仪器：相关实验箱 1 台，万用表 1 只，信号发生器 1 台，示波器 1 台。

（2）材料：2 mm 两头可续插香蕉插头线（20～30 cm，多种颜色）15 根。

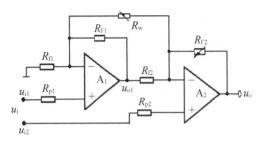

图 1.1.9　同相串联差动放大器电路原理

2. 操作内容

（1）原理电路如图 1.1.9 所示，实验电路如图 1.1.10 所示，原理电路元件与实验电路元件的对应关系如表 1.1.6 所示。

（2）电路部分元件标称参数如表 1.1.6 所示，其余元件参数按要求计算确定，填入表中空格。

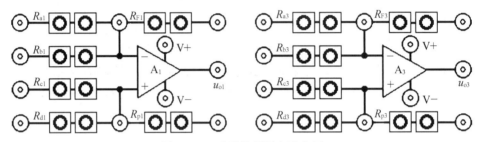

图 1.1.10　实验使用的电路布局

表 1.1.6　原理和实验电路中元件的符号和参数

原理元件	R_{F1}	R_{f1}	R_{p1}	R_{F2}	R_w	R_{f2}	R_{p2}	A_1、A_2
实验元件	R_{F1}	R_{a1}	R_{c1}	R_{F3}	R_{a3}	R_{b3}	R_{c3}	A_1、A_3
标称值			24				24	TL084
单　位			kΩ				kΩ	

（3）调整实验电路电位器达到预期参数，实现原理电路连接方式，接通电源。

（4）输入峰-峰 10 V/1 kHz 纯交流正弦波共模信号，测量输出电压，调整 R_{F2}，使输出电压尽可能小，将最小值填入表 1.1.7。

表 1.1.7　输入输出信号记录

	输入信号 u_i	输出信号 u_o	放大倍数	共模抑制比
共　模	10 V			
差　模	10 mV			

（5）输入峰-峰 100 mV/1 kHz 纯交流正弦波差模信号，测量输出电压，调整 R_w，使差模放大倍数达到要求的精度范围，将实测值填入表 1.1.7。

（6）计算电路共模抑制比 CMRR，实际值填入表 1.1.7。

3. 操作要求

（1）电路的差模放大倍数 $A_{vd}=(100\pm2)$ 倍，共模抑制比 $CMRR\geqslant60$ dB。

（2）所有电阻在 100 kΩ 内选择。

4. 实训任务分析

A_1 组成第一级同相比例运算电路，A_2 组成第二级差分放大电路。

当电路满足右式时：
$$\frac{R_{F2}}{R_{f2}} = \frac{R_{f1}}{R_{F1}}, \quad 即\ R_{f1}R_{f2} = R_{F1}R_{F2}$$

共模放大倍数：
$$A_{vc} = \frac{u_o}{u_{i1}(=u_{i2})} \rightarrow 0$$

而差模放大倍数：
$$A_{vd} = 1 + \frac{R_{F2}}{R_{f2}} + \frac{R_{f1} + R_{F2}}{R_w}$$

由此可达到共模抑制比：
$$CMRR = 20\lg \left| \frac{A_{vd}}{A_{vc}} \right| \rightarrow \infty(dB)$$

因为已知平衡电阻 $R_{p1} = R_{p2} = 24\ \text{k}\Omega$，由于 $R_{p1} = R_{f1} /\!/ R_{F1}$，$R_{p2} = R_{f2} /\!/ R_{F2}$，$\dfrac{R_{F2}}{R_{f2}} = \dfrac{R_{f1}}{R_{F1}}$，结合具体元器件选择范围，可以计算得 R_{F1}、R_{f1}、R_{F2}、R_{f2} 值。然后，可算得 R_w 值。

在未连接电路的情况下，调节所有电位器达到要求值附近。

操作时，共模输入是短接 u_{i1}、u_{i2} 端，并接信号源正端，信号源负端接电路地；差模输入是 u_{i1}、u_{i2} 端分别接信号源正、负端。

必须先调试电路的共模放大倍数接近 0（调节 R_{F2}），然后再调试电路的差模放大倍数 A_{vd} 达到要求 $A_{vd} = (100 \pm 2)$ 倍（调节 R_w）。

共模和差模放大倍数关键是看输入输出电压的比值。电路实际的元件参数可能会有误差，因此，要调节一个元件来补偿其他元件误差，调节时必须紧盯着输入输出电压测量结果。

1.1.5　同相并联差动放大器设计调节与测试（实训任务 1－5）

1. 操作条件

（1）仪器：相关实验箱 1 台，万用表 1 只，信号发生器 1 台，示波器 1 台。

（2）材料：2 mm 两头可续插香蕉插头线（20～30 cm，多种颜色）15 根。

2. 操作内容

（1）原理电路如图 1.1.11 所示，实验电路如图 1.1.12 所示，原理电路元件与实验电路元件的对应关系如表 1.1.8 所示。

（2）电路部分元件标称参数如表 1.1.8 所示，其余元件参数按要求计算确定，填入表中空格。

（3）调整实验电路电位器达到预期参数，实现原理电路连接方式，接通电源。

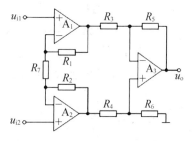

图 1.1.11　同相并联差动放大器电路原理

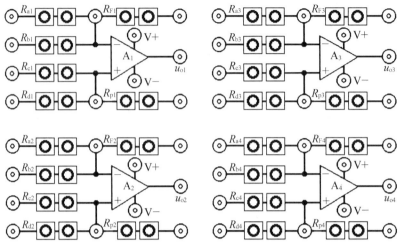

图 1.1.12　实验使用的电路布局

表 1.1.8　原理和实验电路中元件的符号和参数

原理元件	R_1	R_2	R_3	R_4	R_5	R_6	R_7	$A_1 \sim A_3$
实验元件	R_{F1}	R_{F2}	R_{b3}	R_{c3}	R_{F3}	R_{p3}	R_{a1}	$A_1 \sim A_3$
标称值			10		10	10		TL084
单　位			kΩ		kΩ	kΩ		

（4）输入峰-峰 10 V/1 kHz 纯交流正弦波共模信号,测量输出电压,调整 R_4,使输出电压尽可能小,将最小值填入表 1.1.9。

表 1.1.9　输入输出信号记录

	输入 u_i	输出 u_o	放大倍数	共模抑制比
共　模	10 V			
差　模	100 mV			

（5）输入峰-峰 100 mV/1 kHz 纯交流正弦波差模信号,测量输出电压,调整 R_7,使差模放大倍数达到要求的精度范围,将实测值填入表 1.1.9。

（6）计算电路共模抑制比 CMRR,实际值填入表 1.1.9。

3. 操作要求

（1）电路差模放大倍数 $A_{vd} = (100 \pm 2)$ 倍,共模抑制比 CMRR > 60 dB。

（2）所有电阻在 100 kΩ 内选择。

4. 实训任务分析

当电路满足平衡条件时：

$$\frac{R_5}{R_3} = \frac{R_6}{R_4}$$

共模放大倍数：
$$A_{vc} = \frac{u_o}{u_{i1}(=u_{i2})} \to 0$$

而差模放大倍数：
$$A_{vd} = \frac{u_o}{u_{i2} - u_{i1}} = \left[1 + \frac{R_1 + R_2}{R_7} \right] \frac{R_6}{R_4}$$

可使共模抑制比：
$$CMRR = 20\lg \left| \frac{A_{vd}}{A_{vc}} \right| \to \infty (\mathrm{dB})$$

根据已知参数和平衡条件，可得 R_4 值，根据 A_{vd} 的要求值，计算选定 R_1、R_2、R_7 值。

操作时，共模输入是短接 u_{i1}、u_{i2} 端，并接信号源正端，信号源负端接电路地；差模输入是 u_{i1}、u_{i2} 端分别接信号源正、负端。

必须先共模输入，调节 R_6，调试电路的共模放大倍数尽量小；然后再差模输入，保持 R_6，调节 R_7，调试电路的差模放大倍数 A_{vd} 达到要求 $A_{vd} = (100 \pm 2)$ 倍。

共模和差模放大倍数关键是看输入输出电压的比值。电路实际的元件参数可能会有误差，因此，要调节一个元件来补偿其他元件误差，调节时必须紧盯着输入输出电压测量结果。

项目 1.2 信 号 发 生 器

1.2.1 文氏电桥正弦波发生器的设定调节与测试(实训任务 1‑6)

1. 操作条件

(1) 仪器:相关实验箱 1 台,万用表 1 只,信号发生器 1 台,示波器 1 台。

(2) 材料:2 mm 两头可续插香蕉插头线(20~30 cm,多种颜色)15 根。

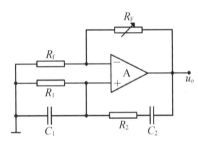

图 1.2.1 文氏电桥正弦波发生器电路原理

2. 操作内容

(1) 原理电路如图 1.2.1 所示,实验电路如图 1.2.2 所示,原理电路元件与实验电路元件的对应关系如表 1.2.1 所示。

(2) 电路部分元件标称参数如表 1.2.1 所示,其余元件参数按要求计算确定,填入表中空格。

(3) 调整实验电路电位器达到预期参数,实现原理电路连接方式,接通电源。

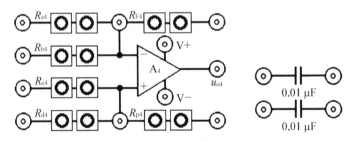

图 1.2.2 实验使用的电路布局

表 1.2.1 原理和实验电路中元件的符号和参数

原理元件	R_1	R_2	R_f	R_F	C_1	C_2	A
实验元件	R_{c4}	R_{p4}	R_{a4}	R_{F4}	右边	右边	A_4
标称值			20		0.01	0.01	TL084
单　位			kΩ		μF	μF	

（4）调整 R_F，使输出端产生要求的正弦波信号，实测频率值 f，填入表 1.2.2。

表 1.2.2 参 数 记 录

理论频率 f/Hz	实测频率 f/Hz	理论与实际频率差 $\Delta f/Hz$
1 600		

（5）分析实际正弦波频率与理论值误差的原因。

3. 操作要求

（1）输出正弦波，频率 $f=1\,600\,Hz$。

（2）输出幅度稳定。

4. 实训任务分析

1）电路原理

当电路符合以下平衡条件时，电路正弦振荡：

$$\frac{R_2}{R_1}+\frac{C_1}{C_2}=\frac{R_F}{R_f}$$

振荡频率为

$$f=\frac{1}{2\pi\sqrt{R_1 R_2 C_1 C_2}}$$

为计算设定方便，通常取：$R_1=R_2=R$，$C_1=C_2=C$，则振荡条件和频率为

$$\frac{R_F}{R_f}=2,\ f_0=\frac{1}{2\pi RC}$$

2）思路

取：$R_1=R_2=R$，$C_1=C_2=C$，根据理论式和 f，可计算 R 及 R_F 的值。

尽管按标称 $C_1=C_2$，$R_1=R_2$，但是实际上取 $R_F=2R_f$ 时，上述的平衡条件不一定能够成立，因为通常开始时误差总是较大，因此开始时电路常不能振荡。所以操作中，一定要仔细调节 R_F 在计算值附近变化，同时用示波器观察输出信号，一旦上式成立即会有振荡信号输出。

振荡频率误差来源于元器件标称值与实际值间的误差。

1.2.2 可调频文氏电桥正弦波发生器的设定调节与测试（实训任务 1–7）

1. 操作条件

（1）仪器：相关实验箱 1 台，万用表 1 只，信号发生器 1 台，示波器 1 台。

（2）材料：2 mm 两头可续插香蕉插头线（20～30 cm，多种颜色）15 根。

2. 操作内容

（1）原理电路如图 1.2.3 所示，实验电路如图 1.2.4 所示，原理电路元件与实验电路元

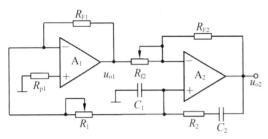

图 1.2.3 可调频文氏电桥正弦波发生器电路原理

件的对应关系如表 1.2.3 所示。

（2）电路部分元件标称参数如表 1.2.3 所示，其余元件参数按要求计算确定，填入表中空格。

（3）调整实验电路电位器达到预期参数，实现原理电路连接方式，接通电源。

（4）调整 R_{f2}，使电路振荡。

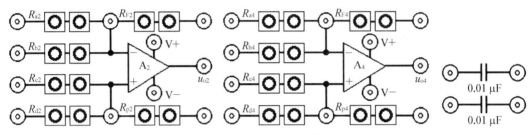

图 1.2.4 实验使用的电路布局

表 1.2.3 原理和实验电路中元件的符号和参数

原理元件	R_{p1}	R_{F1}	R_1	C_1	R_2	C_2	R_{f2}	R_{F2}	A_1、A_2
实验元件	R_{p2}	R_{F2}	R_{d4}	右边	R_{p4}	右边	R_{a4}	R_{F4}	A_2、A_4
标称值	5.1			0.01		0.01		10	TL084
单 位	kΩ			μF		μF		kΩ	

（5）调节 R_1，使正弦波频率 $f_1 = (1\,000 \pm 10)\,\text{Hz}$。

（6）调节 R_1，使正弦波频率 $f_2 = (1\,500 \pm 10)\,\text{Hz}$。

3. 操作要求

（1）电路正弦波频率 $f_1 = (1\,000 \pm 10)\,\text{Hz}$，$f_2 = (1\,500 \pm 10)\,\text{Hz}$。

（2）输出幅度稳定。

4. 实训任务分析

1）电路原理

当电路符合以下平衡条件时，电路正弦振荡：

$$\frac{R_2}{R_1} + \frac{C_1}{C_2} = \frac{R_{F2}}{R_{f2}}\left(1 + \frac{R_{F1}}{R_1}\right)$$

振荡频率为

$$f = \frac{1}{2\pi\sqrt{R_1 R_2 C_1 C_2}}$$

当取 $R_{F2} = R_{f2}$，$R_{F1} = R_2 = R$，$C_1 = C_2 = C$ 时，

$$f = \frac{1}{2\pi C \sqrt{R_1 R}}$$

则 R_1 可以调节振荡频率,而不影响起振。

2)思路和操作要领

因为 $C_1 = C_2 = C$,取 $R_{F2} = R_{f2}$,$R_{F1} = R_2 = R$,则据理论式可计算不同振荡频率时的 R_1 值。

尽管按平衡条件设置元件参数,但是实际上开始时通常误差较大,不一定能够严格满足平衡条件,使电路常不能振荡。所以操作中,一定要仔细调节 R_{f2} 在计算值附近变化,同时用示波器观察输出信号,一旦上式成立即会有振荡信号输出。

调节 R_1,则可得到要求的振荡频率。

如果电路停振,再调节 R_{f2}。

1.2.3　积分式正弦波发生器的设定调节与测试(实训任务 1‑8)

1. 操作条件

(1)仪器:相关实验箱 1 台,万用表 1 只,信号发生器 1 台,示波器 1 台。

(2)材料:2 mm 两头可续插香蕉插头线(20~30 cm,多种颜色)15 根。

2. 操作内容

(1)原理电路如图 1.2.5 所示,实验电路如图 1.2.6 所示,原理电路元件与实验电路元件的对应关系如表 1.2.4 所示。

(2)电路部分元件标称参数如表 1.2.4 所示,其余元件参数按要求计算确定,填入表中空格。

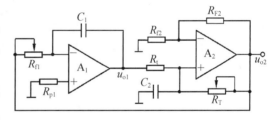

图 1.2.5　积分式正弦波发生器电路原理

(3)调整实验电路电位器达到预期参数,实现原理电路连接方式,接通电源。

(4)调整 R_T,使电路振荡输出正弦波。

(5)调整 R_{f1},使正弦波频率 $f_1 = (1\,000 \pm 10)\,\text{Hz}$。

(6)调整 R_{f1},使正弦波频率 $f_2 = (2\,000 \pm 10)\,\text{Hz}$。

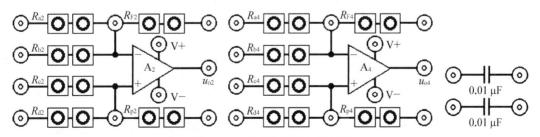

图 1.2.6　实验使用的电路布局

表 1.2.4　原理和实验电路中元件的符号和参数

原理元件	R_{f1}	R_{p1}	C_1	R_{f2}	R_{F2}	R_t	R_T	C_2	A_1、A_2
实验元件	R_{a2}	R_{p2}	右边	R_{a4}	R_{F4}	R_{c4}	R_{p4}	右边	A_2、A_4
标称值		10	0.01	10		10		0.01	TL084
单　位		$k\Omega$	μF	$k\Omega$		$k\Omega$		μF	

3. 操作要求

(1) 输出正弦波频率 $f_1 = (1\,000 \pm 10)\,Hz$，$f_2 = (2\,000 \pm 10)\,Hz$。

(2) 输出幅度稳定。

4. 实训任务分析

1) 电路原理

当电路符合以下平衡条件时，电路正弦振荡：

$$\frac{R_T}{R_t} = \frac{R_{F2}}{R_{f2}}$$

振荡频率为

$$f = \frac{1}{2\pi} \sqrt{\frac{R_{f2} + R_{F2}}{R_{f1} R_{f2} R_t C_1 C_2}}$$

当取 $R_T = R_t = R_{F2} = R_{f2} = R$，$C_1 = C_2 = C$ 时，有

$$f = \frac{1}{\pi C \sqrt{2 R R_{f1}}}$$

则 R_{f1} 可以调节振荡频率，而不影响起振。

2) 思路和操作要领

因为 $C_1 = C_2 = C$，取 $R_t = R_T = R_{f2} = R_{F2} = R$，可根据不同的振荡频率计算 R_{f1} 的理论值。

调节 R_T，可使平衡方程成立，使电路振荡。

调节 R_{f1}，则可得到要求的振荡频率。

1.2.4　方波发生器的设定调节与测试(实训任务 1－9)

1. 操作条件

(1) 仪器：相关实验箱 1 台，万用表 1 只，信号发生器 1 台，示波器 1 台。

(2) 材料：2 mm 两头可续插香蕉插头线(20～30 cm，多种颜色)15 根。

2. 操作内容

(1) 原理电路如图 1.2.7 所示，实验电路如图 1.2.8 所示，原理电路元件与实验电路元件的对应关系如表 1.2.5 所示。

（2）电路部分元件标称参数如表1.2.5所示，其余元件参数按要求计算确定，填入表中空格。

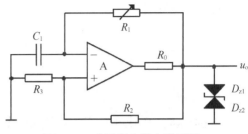

（3）调整实验电路电位器达到预期参数，实现原理电路连接方式，接通电源。

（4）调整 R_1，使输出端信号产生要求的方波信号。

图 1.2.7　方波发生器电路原理

（5）测量输出波形的频率及正负幅度值，并填入表 1.2.6 中。

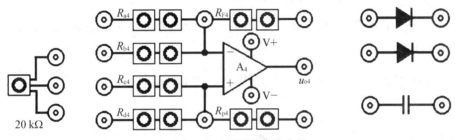

图 1.2.8　实验使用的电路布局

表 1.2.5　原理和实验电路中元件的符号和参数

原理元件	R_1	C_1	R_2	R_3	R_0	D_1	D_2	A
实验元件	R_{F4}	右边	R_{p4}	R_{d4}	中间	中间	中间	A_4
标称值			100	82	1			TL084
单　位			kΩ	kΩ	kΩ	V	V	

表 1.2.6　参数记录

输出波形参数	f	U_{p+}	U_{p-}
参数值			
单　位	Hz	V	V

3. 操作要求

（1）输出方波频率 $f=(500\pm10)\,\mathrm{Hz}$。

（2）方波幅度 $U_{p+}=-U_{p-}=(5\pm0.5)\,\mathrm{V}$。

4. 实训任务分析

1）电路原理

电路输出方波振荡频率为

$$f=\frac{1}{2R_1C_1\ln\left(1+\dfrac{2R_3}{R_2}\right)}$$

输出幅度为

$$U_{p+} = (V_{DZ1} + 0.7)\mathrm{V},$$

$$U_{p-} = (-V_{DZ1} - 0.7)\mathrm{V}$$

2) 思路

根据要求频率计算 R_1C_1 的理论值,先确定 C_1 值,后计算 R_1 值。

根据输出幅度要求和输出幅度关系式选择稳压管参数。输出幅度是稳压二极管反向击穿电压与正向导通电压之和。

C_1 必须用双极性电容,并且耐压超过 12 V。

R_0 是稳压管限流电阻,保证输出电流小于稳压管最大允许电流,但又要大于稳压管最小工作电流。

1.2.5　方波和三角波发生器的设定调节与测试(实训任务 1‐10)

1. 操作条件

(1) 仪器:相关实验箱 1 台,万用表 1 只,信号发生器 1 台,示波器 1 台。

(2) 材料:2 mm 两头可续插香蕉插头线(20~30 cm,多种颜色)15 根。

2. 操作内容

(1) 原理电路如图 1.2.9 所示,实验电路如图 1.2.10 所示,原理电路元件与实验电路元件的对应关系如表 1.2.7 所示。

(2) 电路部分元件标称参数如表 1.2.7 所示,其余元件参数按要求计算确定,填入表中空格。

(3) 调整实验电路电位器达到预期参数,实现原理电路连接方式,接通电源。

(4) 调整 R_F,达到三角波峰-峰值要求。

(5) 调整 R_f,达到三角波频率值要求。

(6) 测量方波峰-峰值,并填入表 1.2.8。

(7) 对照测量并画出方波和三角波波形,注意它们的相位关系。

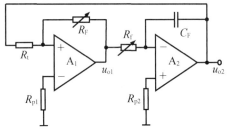

图 1.2.9　方波和三角波发生器电路原理

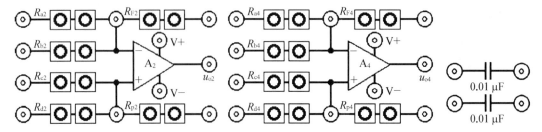

图 1.2.10　实验使用的电路布局

表 1.2.7　原理和实验电路中元件的符号和参数

原理元件	R_t	R_{p1}	R_F	R_f	R_{p2}	C_F	A_1、A_2
实验元件	R_{d2}	R_{a2}	R_{p2}	R_{a4}	R_{p4}	右边	A_2、A_4
标称值	10	24			51	0.01	TL084
单　位	kΩ	kΩ			kΩ	μF	

表 1.2.8　参 数 记 录

输出波形参数名	f	u_{o1pp}	u_{o2pp}
参数值			
单　位	Hz	V	V

3. 操作要求

(1) 输出三角波峰-峰值 $u_{o2pp}=10\,\text{V}$，频率 $f=(1\,000\pm10)\,\text{Hz}$。

(2) 验证输出方波峰-峰值 $u_{o1pp}=$ 正负电源电压差。

4. 实训任务分析

1) 电路原理

电路三角波的峰峰值为

$$u_{o2pp}=\frac{2R_t}{R_F}(V_+-V_-)$$

其中，V_+ 和 V_- 是正、负电源电压。

输出的频率为

$$f=\frac{R_F}{4R_tR_fC_F}$$

2) 思路

根据公式和提供的操作要求 $u_{o2pp}=10\,\text{V}$，计算 R_F 值；根据输出频率要求和公式，计算 R_f 值。

必须先调节 R_F，达到三角波峰峰值；再调节 R_f，达到波形频率要求。

项目 1.3 滤 波 器

1.3.1 二阶低通滤波器的设计调节和测试1(实训任务1-11)

1. 操作条件

(1) 仪器：相关实验箱1台，万用表1只，信号发生器1台，示波器1台。

(2) 材料：2 mm 两头可续插香蕉插头线(20～30 cm，多种颜色)6根，短接块10个。

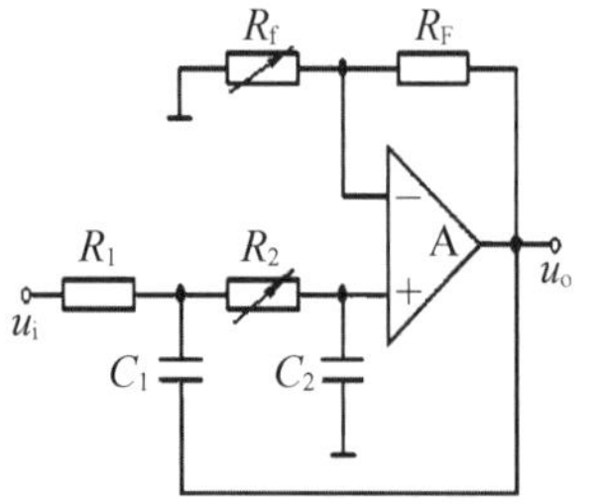

2. 操作内容

(1) 原理电路如图1.3.1所示，实验电路如图1.3.2所示，原理电路元件与实验电路元件的对应关系如表1.3.1所示。

(2) 电路部分元件标称参数如表1.3.1所示，其余元件参数按要求计算确定，填入表中空格。

(3) 调整实验电路电位器达到预期参数，实现原理电路连接方式，接通电源。

(4) 输入幅值2.5 V的直流信号，调整 R_f，达到放大倍数 $A_{up}=2\pm0.05$ 的精度要求。

图 1.3.1 二阶低通滤波器电路原理

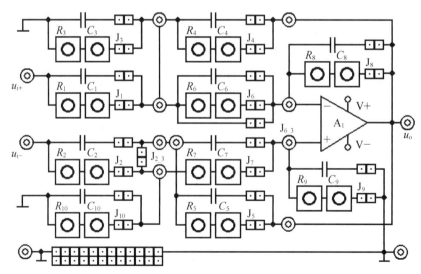

图 1.3.2 实验使用的电路布局

表 1.3.1　原理和实验电路中元件的符号和参数

原理元件	R_1	R_2	C_1	C_2	R_f	R_F		
实验元件	R_2	R_7	C_5	C_9	R_3	R_4	J_{2_3}	J_{6_3}
标称值			0.1	0.1			通	通
单　位			μF	μF				

表 1.3.2　输入输出信号记录

频率/Hz	0	20	40	60	80	100	120	140	160	180	200
输入/V	5	5	5	5	5	5	5	5	5	5	5
输出/V											
绝对增益											
相对增益	1										

（5）输入峰-峰 5 V 频率 100 Hz 纯交流正弦波信号，调整 R_2，达到截止频率 $f_0 =$ (100±10)Hz 的精度要求。

（6）输入峰-峰 5 V，20～200 Hz，递进 20 Hz 的纯交流正弦波信号，测量对应输出，填入表 1.3.2。

（7）根据测量值，计算电路相对 0 Hz 的增益，描绘电路幅频特性曲线。

3. 操作要求

（1）通带放大倍数 $A_{up} = 2\pm0.05$，截止频率 $f_0 =$ (100±10)Hz。

（2）由图验证通带放大倍数和截止频率。

4. 实训任务分析

通带增益：$A_{up} = 1 + \dfrac{R_F}{R_f}$

阻尼系数：$\xi = \dfrac{1}{2}\left[\sqrt{\dfrac{R_2 C_2}{R_1 C_1}} + \sqrt{\dfrac{R_1 C_2}{R_2 C_1}} - (A_{up}-1)\sqrt{\dfrac{R_1 C_1}{R_2 C_2}}\right]$

截止频率：$f_0 = \begin{cases} \dfrac{1}{2\pi\sqrt{R_1 R_2 C_1 C_2}}\sqrt{2(1-2\xi^2)}, & \xi < \dfrac{\sqrt{2}}{2} \\[4mm] \dfrac{1}{2\pi\sqrt{R_1 R_2 C_1 C_2}}, & \xi = \dfrac{\sqrt{2}}{2} \\[4mm] \dfrac{1}{2\pi\sqrt{R_1 R_2 C_1 C_2}}\sqrt{(1-2\xi^2)+\sqrt{(1-2\xi^2)^2+1}}, & \xi > \dfrac{\sqrt{2}}{2} \end{cases}$

当取 $R_f = R_F$，$R_1 = R_2 = R$，$C_1 = C_2 = C$ 时，有

$$A_{\text{up}} = 2, \; \xi = 0.5, \; f_0 = \frac{0.16}{RC}$$

由 A_{up} 取值及公式得 $R_f = R_F$。因为 $C_1 = C_2$，若令 $R_1 = R_2 = R$，则可算得 ξ 及 R 值。

根据 $\xi = 0.5 < 0.707$，可知幅频特性有共振峰，截止频率是出共振峰增益降至 A_{up} 的频率点。

信号发生器不能产生 0 Hz 信号，可用实验箱左下角直流电压产生器产生。

低频信号(如 20 Hz)一定要用示波器的直流耦合输入方式，否则波形可能有幅度失真。

绝对增益 $= A_u = \dfrac{u_o}{u_i}$，相对增益 $= \left| \dfrac{A_u}{A_{\text{up}}} \right|$。

1.3.2　二阶低通滤波器的设计调节和测试 2(实训任务 1 – 12)

1. 操作条件

(1) 仪器：相关实验箱 1 台，万用表 1 只，信号发生器 1 台，示波器 1 台。

(2) 材料：2 mm 两头可续插香蕉插头线(20～30 cm，多种颜色)6 根，短接块 10 个。

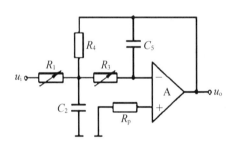

图 1.3.3　二阶低通滤波器电路原理

2. 操作内容

(1) 原理电路如图 1.3.3 所示，实验电路如图 1.3.4 所示，原理电路元件与实验电路元件的对应关系如表 1.3.3 所示。

(2) 电路部分元件标称参数如表 1.3.3 所示，其余元件参数按要求计算确定，填入表中空格。

(3) 调整实验电路电位器达到预期参数，实现原理电路连接方式，接通电源。

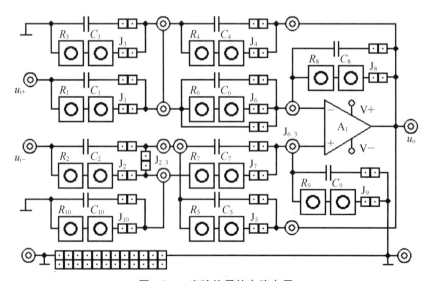

图 1.3.4　实验使用的电路布局

表 1.3.3　原理和实验电路中元件与信号的符号和参数

原理元件	R_1	R_3	R_4	C_2	C_5	R_p		
实验元件	R_1	R_6	R_4	C_3	C_8	R_9	J_{2_3}	J_{6_3}
标称值				0.1	0.1		任意	断
单　位				μF	μF			

表 1.3.4　输入输出信号记录

频率/Hz	0	20	40	60	80	100	120	140	160	180	200
输入/V	5	5	5	5	5	5	5	5	5	5	5
输出/V											
绝对增益											
相对增益	1										

（4）输入幅值 2.5 V 的直流信号，调整 R_1，达到放大倍数 $A_{up} = -1 \pm 0.05$ 的精度要求。

（5）输入峰-峰 5 V 频率 100 Hz 纯交流正弦波信号，调整 R_3，达到截止频率 $f_0 =$ (100 ± 10) Hz 的精度要求。

（6）输入峰-峰 5 V，0～200 Hz，递进 20 Hz 的纯交流正弦波信号，测量对应输出，填入表 1.3.4。

（7）根据测量值，计算相对 0 Hz 的相对增益，描绘电路幅频特性曲线。

3. 操作要求

（1）通带放大倍数 $A_{up} = -1 \pm 0.05$，截止频率 $f_0 = (100 \pm 5)$ Hz。

（2）由图验证通带放大倍数和截止频率。

4. 实训任务分析

通带增益：$A_{up} = -\dfrac{R_4}{R_1}$

阻尼系数：$\xi = \dfrac{1}{2} \sqrt{\dfrac{C_5}{C_2}} \left(\dfrac{\sqrt{R_3 R_4}}{R_1} + \sqrt{\dfrac{R_4}{R_3}} + \sqrt{\dfrac{R_3}{R_4}} \right)$

截止频率：$f_0 = \begin{cases} \dfrac{1}{2\pi \sqrt{R_3 R_4 C_2 C_5}} \sqrt{2(1 - 2\xi^2)}, & \xi < \dfrac{\sqrt{2}}{2} \\[4mm] \dfrac{1}{2\pi \sqrt{R_3 R_4 C_2 C_5}}, & \xi = \dfrac{\sqrt{2}}{2} \\[4mm] \dfrac{1}{2\pi \sqrt{R_3 R_4 C_2 C_5}} \sqrt{(1 - 2\xi^2) + \sqrt{(1 - 2\xi^2)^2 + 1}}, & \xi > \dfrac{\sqrt{2}}{2} \end{cases}$

当取 $R_1 = R_3 = R_4 = R$，$C_2 = C_5 = C$ 时，有

$$A_{up} = -1，\xi = 1.5，f_0 = \frac{0.06}{RC}，R_p = R/3$$

由 A_{up} 取值及公式得 $R_4 = R_1$，因为 $C_2 = C_5$，若令 $R_1 = R_3 = R_4 = R$，则可得 ξ、R、R_p 值。根据 $\xi = 1.5 > 0.707$，可知幅频特性无共振峰，截止频率是增益降至 $0.707A_{up}$ 的频率点。

信号发生器不能产生 0 Hz 信号，可用实验箱左下角直流电压产生器产生。

低频信号（如 20 Hz）一定要用示波器的直流耦合输入方式，否则波形可能幅度失真。

绝对增益 $= A_u = \dfrac{u_o}{u_i}$，相对增益 $= \left| \dfrac{A_u}{A_{up}} \right|$。

1.3.3　二阶高通滤波器的设计调节和测试 1（实训任务 1－13）

1. 操作条件

（1）仪器：相关实验箱 1 台，万用表 1 只，信号发生器 1 台，示波器 1 台。

（2）材料：2 mm 两头可续插香蕉插头线（20～30 cm，多种颜色）6 根，短接块 10 个。

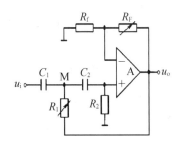

图 1.3.5　二阶高通滤波器电路原理

2. 操作内容

（1）原理电路如图 1.3.5 所示，实验电路如图 1.3.6 所示，原理电路元件与实验电路元件的对应关系如表 1.3.5 所示。

（2）电路部分元件标称参数如表 1.3.5 所示，其余元件参数按要求计算确定，填入表中空格。

（3）调整实验电路电位器达到预期参数，实现原理电路连接方式，接通电源。

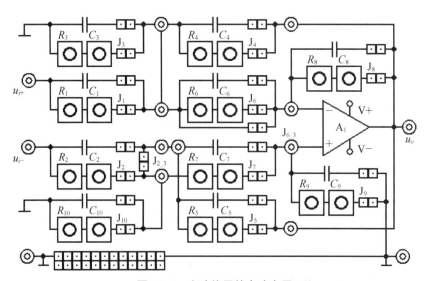

图 1.3.6　实验使用的电路布局

表 1.3.5　原理和实验电路中元件的符号和参数

原理元件	C_1	C_2	R_1	R_2	R_f	R_F		
实验元件	C_2	C_7	R_5	R_9	R_3	R_4	J_{2_3}	J_{6_3}
标称值	0.1	0.1					任意	通
单　位	μF	μF						

表 1.3.6　输入输出信号记录

频率/Hz	0	20	40	60	80	100	120	140	160	180	200	4 000
输入/V	5	5	5	5	5	5	5	5	5	5	5	5
输出/V												
绝对增益												
相对增益												1

（4）输入峰-峰 5 V 频率 4 000 Hz 纯交流正弦波信号，调整 R_F，达到放大倍数 $A_{up}=2\pm0.05$ 的精度要求。

（5）输入峰-峰 5 V 频率 100 Hz 纯交流正弦波信号，调整 R_1，达到截止频率 $f_0=(100\pm10)$ Hz 的要求。

（6）输入峰-峰 5 V，0～200 Hz，递进 20 Hz 的纯交流正弦波信号，测量对应输出，填入表 1.3.6。

（7）根据测量值，计算电路相对 4 000 Hz 的相对增益，描绘电路幅频特性曲线。

3. 操作要求

（1）通带放大倍数 $A_{up}=2\pm0.1$，截止频率 $f_0=(100\pm5)$ Hz。

（2）由图验证通带放大倍数和截止频率。

4. 实训任务分析

通带增益：$A_{up}=1+\dfrac{R_F}{R_f}$

阻尼系数：$\xi=\dfrac{1}{2}\left[\sqrt{\dfrac{R_1 C_1}{R_2 C_2}}+\sqrt{\dfrac{R_1 C_2}{R_2 C_1}}+\sqrt{\dfrac{R_2 C_2}{R_1 C_1}}(1-A_{up})\right]$

截止频率：$f_0=\begin{cases}\dfrac{1}{2\pi\sqrt{2(1-2\xi^2)R_1 R_2 C_1 C_2}}, & \xi<\dfrac{\sqrt{2}}{2}\\[4mm]\dfrac{1}{2\pi\sqrt{R_1 R_2 C_1 C_2}}, & \xi=\dfrac{\sqrt{2}}{2}\\[4mm]\dfrac{1}{2\pi\sqrt{\left[(1-2\xi^2)+\sqrt{(1-2\xi^2)^2+1}\right]R_1 R_2 C_1 C_2}}, & \xi>\dfrac{\sqrt{2}}{2}\end{cases}$

当取 $R_1 = R_2 = R$，$C_1 = C_2 = C$，$R_f = R_F$ 时,有

$$A_{up} = 2, \quad \xi = 0.5, \quad f_0 = \frac{0.16}{RC}$$

由 A_{up} 取值及公式得 $R_f = R_F$,选定参数。

因为 $C_1 = C_2$,若令 $R_1 = R_2 = R$,则可算得 R 值,根据 $\xi = 0.5$,可知幅频特性有共振峰。其余与上个任务相同。

1.3.4 二阶高通滤波器的设计调节和测试 2(实训任务 1 - 14)

1. 操作条件

(1) 仪器:相关实验箱 1 台,万用表 1 只,信号发生器 1 台,示波器 1 台。

(2) 材料:2 mm 两头可续插香蕉插头线(20~30 cm,多种颜色)6 根,短接块 10 个。

2. 操作内容

(1) 原理电路如图 1.3.7 所示,实验电路如图 1.3.8 所示,原理电路元件与实验电路元件的对应关系如表 1.3.7 所示。

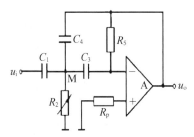

图 1.3.7 二阶高通滤波器电路原理

(2) 电路部分元件标称参数如表 1.3.7 所示,其余元件参数按要求计算确定,填入表中空格。

(3) 调整实验电路电位器达到预期参数,实现原理电路连接方式,接通电源。

(4) 调整电位器 R_2,达到截止频率的要求。

(5) 输入峰-峰 5 V,0~200 Hz,递进 20 Hz 及 4 000 Hz 的正弦波信号,测量对应输出,填入表 1.3.8。

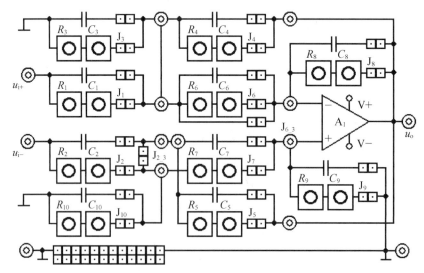

图 1.3.8 实验使用的电路布局

表 1.3.7　原理和实验电路中元件的符号和参数

原理元件	C_1	C_3	C_4	R_2	R_5	R_p		
实验元件	C_1	C_6	C_4	R_3	R_8	R_9	J_{2_3}	J_{6_3}
标称值	0.1	0.1	0.1			任意		断
单　位	μF	μF	μF					

表 1.3.8　输入输出信号记录

频率/Hz	0	20	40	60	80	100	120	140	160	180	200	4 000
输入/V	5	5	5	5	5	5	5	5	5	5	5	5
输出/V												
绝对增益												
相对增益												1

(6) 根据测量值,计算电路相对(4 000 Hz)增益,描绘电路幅频特性图。

(7) 分析 4 000 Hz 增益与理论 A_{up} 误差的原因。

3. 操作要求

(1) 通带放大倍数 $A_{up}=-1$,截止频率 $f_0=(100\pm10)$ Hz。

(2) 由电路幅频特性图,验证截止频率,确定实际 A_{up}。

4. 实训任务分析

通带增益:$A_{up}=-\dfrac{C_1}{C_4}$

阻尼系数:$\xi=\dfrac{1}{2}\sqrt{\dfrac{R_2}{R_5}}\left[\dfrac{C_1}{\sqrt{C_3C_4}}+\sqrt{\dfrac{C_3}{C_4}}+\sqrt{\dfrac{C_4}{C_3}}\right]$

截止频率:$f_0=\begin{cases}\dfrac{1}{2\pi\sqrt{2(1-2\xi^2)R_2R_5C_3C_4}}, & \xi<\dfrac{\sqrt{2}}{2}\\[4mm]\dfrac{1}{2\pi\sqrt{R_2R_5C_3C_4}}, & \xi=\dfrac{\sqrt{2}}{2}\\[4mm]\dfrac{1}{2\pi\sqrt{[(1-2\xi^2)+\sqrt{(1-2\xi^2)^2+1}]R_2R_5C_3C_4}}, & \xi>\dfrac{\sqrt{2}}{2}\end{cases}$

当取 $R_2=R_5=R$,$C_1=C_3=C_4=C$ 时,有

$$A_{up}=-1,\quad \xi=1.5,\quad f_0=\dfrac{0.425}{RC}$$

因为 $C_1 = C_3 = C_4 = C$，若令 $R_2 = R_5 = R$，则可算得 ξ 及 R 值，据 $\xi = 1.5$，可知幅频特性无共振峰。

A_{up} 值误差主要由元件参数误差引起。

其余与上个任务相同。

1.3.5 二阶带通滤波器的设计调节和测试 1(实训任务 1－15)

1. 操作条件

(1) 仪器：相关实验箱 1 台，万用表 1 只，信号发生器 1 台，示波器 1 台。

(2) 材料：2 mm 两头可续插香蕉插头线(20～30 cm，多种颜色)6 根，短接块 10 个。

2. 操作内容

(1) 原理电路如图 1.3.9 所示，实验电路如图 1.3.10 所示，原理电路元件与实验电路元件的对应关系如表 1.3.9 所示。

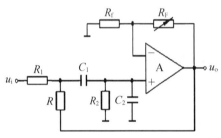

图 1.3.9　二阶带通滤波器电路原理

(2) 电路部分元件标称参数如表 1.3.9 所示，其余元件参数按要求计算确定，填入表中空格。

(3) 调整实验电路电位器达到预期参数，实现原理电路连接方式，接通电源。

(4) 输入峰-峰 0.5 V 频率 100 Hz 纯交流正弦波信号，调整 R_F，达到放大倍数 $A_{up} = 12 \pm 0.05$ 的要求。

(5) 输入峰-峰 0.5 V，70～130 Hz，递进 5 Hz 的纯交流正弦波信号，测量对应输出，填入表 1.3.10 中。

(6) 根据表 1.3.10 值，计算相对峰值增益的相对增益，描绘电路幅频特性图，确定峰值频率 f_0，及上截止频率 f_2、下截止频率 f_1。

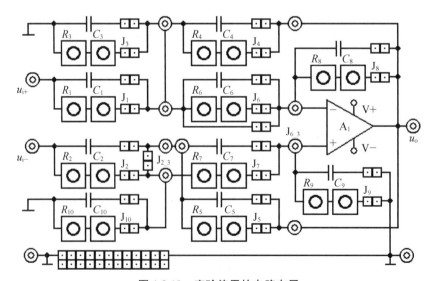

图 1.3.10　实验使用的电路布局

表 1.3.9　原理和实验电路中元件的符号和参数

原理元件	R_1	R_2	R	C_1	C_2	R_f	R_F		
实验元件	R_2	R_9	R_5	C_7	C_9	R_3	R_4	J_{2_3}	J_{6_3}
标称值				0.1	0.1	13		通	通
单　位				μF	μF	$k\Omega$			

表 1.3.10　输入输出信号记录

频率/Hz	70	75	80	85	90	95	100	105	110	115	120	125	130
输入/V	0.5	0.5	0.5	0.5	0.5	0.5	0.5	0.5	0.5	0.5	0.5	0.5	0.5
输出/V													
绝对增益													
相对增益													

（7）计算 f_2、f_1，对照实际值，分析误差的原因。

3. 操作要求

（1）通带放大倍数 $A_{up}=12\pm0.05$，峰值频率 $f_0=100$ Hz。

（2）尽量使 $R_1=R_2=R$。

4. 实训任务分析

$$通带增益：A_{up}=\frac{1+\dfrac{R_F}{R_f}}{\left(1+\dfrac{R_1}{R}\right)\left(1+\dfrac{C_2}{C_1}\right)+\dfrac{R_1}{R_2}-\dfrac{R_1}{R}\left(1+\dfrac{R_F}{R_f}\right)}$$

$$品质因数：Q=\frac{\sqrt{\dfrac{RC_2}{R_2C_1}\left(1+\dfrac{R}{R_1}\right)}}{\left(1+\dfrac{R}{R_1}\right)\left(1+\dfrac{C_2}{C_1}\right)+\dfrac{R}{R_2}-\left(1+\dfrac{R_F}{R_f}\right)}$$

$$中心频率：f_0=\frac{1}{2\pi}\sqrt{\frac{1}{R_1R_2C_1C_2}\left(1+\frac{R_1}{R}\right)}$$

当取 $R_1=R_2=R$，$C_1=C_2=C$ 时，有

$$A_{up}=\frac{1+\dfrac{R_F}{R_f}}{4-\dfrac{R_F}{R_f}}，\quad Q=\frac{\sqrt{2}}{4-\dfrac{R_F}{R_f}}，$$

041

$$f_0 = \frac{\sqrt{2}}{2\pi RC}, \quad f_1 = \frac{-1+\sqrt{1+4Q^2}}{2Q}f_0, \quad f_2 = \frac{1+\sqrt{1+4Q^2}}{2Q}f_0。$$

由公式和已知参数可计算得：R_F、R_1、R_2、R 及 Q、f_1、f_2 值。

上、下截止频率是高、低频率端增益分别降至 $0.707A_{up}$ 的频率点。

Q 值越高，频带宽度 $B = f_2 - f_1$ 越窄。

截止频率误差主要由元件参数误差引起。

1.3.6 二阶带通滤波器的设计调节和测试 2(实训任务 1-16)

1. 操作条件

(1) 仪器：相关实验箱 1 台，万用表 1 只，信号发生器 1 台，示波器 1 台。

(2) 材料：2 mm 两头可续插香蕉插头线(20～30 cm，多种颜色)6 根，短接块 10 个。

2. 操作内容

(1) 原理电路如图 1.3.11 所示，实验电路如图 1.3.12 所示，原理电路元件与实验电路元件的对应关系如表 1.3.11 所示。

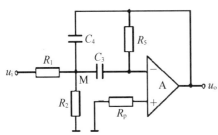

图 1.3.11 二阶带通滤波器电路原理

(2) 电路部分元件标称参数如表 1.3.11 所示，其余元件参数按要求计算确定，填入表中空格。

(3) 调整实验电路电位器达到预期参数，实现原理电路连接方式，接通电源。

(4) 输入峰-峰 0.5 V 频率 100 Hz 纯交流正弦波信号，调整 R_5，达到放大倍数 $A_{up} = -25 \pm 0.1$ 的要求。

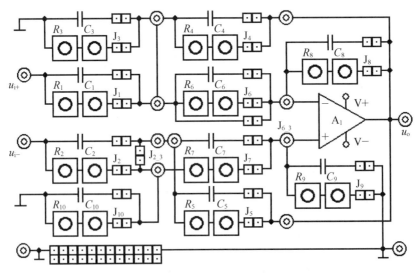

图 1.3.12 实验使用的电路布局

表 1.3.11　原理和实验电路中元件的符号和参数

原理元件	R_1	R_2	R_5	C_3	C_4	R_p		
实验元件	R_1	R_3	R_8	C_6	C_4	R_9	J_{2_3}	J_{6_3}
标称值				0.1	0.1	3	任意	断
单　位				μF	μF	$k\Omega$		

表 1.3.12　输入输出信号记录

频率/Hz	70	75	80	85	90	95	100	105	110	115	120	125	130
输入/V	0.5	0.5	0.5	0.5	0.5	0.5	0.5	0.5	0.5	0.5	0.5	0.5	0.5
输出/V													
绝对增益													
相对增益													

(5) 输入峰-峰 0.5 V,70～130 Hz,递进 5 Hz 的纯交流正弦波信号,测量对应输出,填入表 1.3.12。

(6) 根据表 1.3.12 值,计算相对峰值增益的相对增益,描绘电路幅频特性图,确定峰值频率 f_0,及上截止频率 f_2,下截止频率 f_1。

(7) 计算 f_2、f_1,对照实际值,分析误差的原因。

3. 操作要求

(1) 通带放大倍数 $A_{up}=-25\pm0.1$,峰值频率 $f_0=100$ Hz。

(2) 尽量使 $R_1=R_2=R$。

4. 实训任务分析

通带增益：
$$A_{up}=-\frac{R_5}{R_1(1+C_4/C_3)}$$

品质因数：
$$Q=\frac{1}{C_3+C_4}\sqrt{R_5 C_3 C_4\left(\frac{1}{R_1}+\frac{1}{R_2}\right)}$$

中心频率：
$$f_0=\frac{1}{2\pi}\sqrt{\frac{1}{R_5 C_3 C_4}\left(\frac{1}{R_1}+\frac{1}{R_2}\right)}$$

当取 $R_1=R_2=R$, $C_3=C_4=C$ 时,有

$$A_{up}=-\frac{R_5}{2R}, Q=\sqrt{\frac{R_5}{2R}},$$

$$f_0=\frac{1}{\pi C\sqrt{2RR_5}}, f_1=\frac{-1+\sqrt{1+4Q^2}}{2Q}f_0, f_2=\frac{1+\sqrt{1+4Q^2}}{2Q}f_0$$

由公式和已知参数 $A_{up}=-25$, $f_0=100$ Hz,可计算得 R、R_5 及 Q、f_1、f_2 值。

上、下截止频率是高、低频率端增益分别降至 $0.707A_{up}$ 的频率点。

Q 值越高,频带宽度 $B = f_2 - f_1$ 越窄。

截止频率误差主要由元件参数误差引起。

1.3.7 二阶带阻滤波器的设计调节和测试(实训任务 1-17)

1. 操作条件

(1)仪器:相关实验箱 1 台,万用表 1 只,信号发生器 1 台,示波器 1 台。

(2)材料:2 mm 两头可续插香蕉插头线(20~30 cm,多种颜色)6 根,短接块 10 个。

2. 操作内容

(1)原理电路如图 1.3.13 所示,实验电路如图 1.3.14 所示,原理电路元件与实验电路元件的对应关系如表 1.3.13 所示。

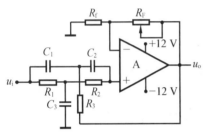

图 1.3.13 二阶带阻滤波器电路原理

(2)电路部分元件标称参数如表 1.3.13 所示,其余元件参数按要求计算确定,填入表中空格。

(3)调整实验电路电位器达到预期参数,实现原理电路连接方式,接通电源。

(4)输入 5 V 的直流(0 Hz)信号,调整 R_F,达到放大倍数 $A_{up} = 1.8 \pm 0.05$ 的要求。

(5)按表 1.3.14 输入等幅度不同频率的正弦波信号 u_i,测量对应输出 u_o,填入表中。

(6)根据表 1.3.14,计算相对峰值增益的相对增益,描绘电路幅频特性图。

(7)根据幅频特性图确定峰值频率 f_0,及上截止频率 f_2,下截止频率 f_1。

(8)计算 f_2、f_1,对照实际值,分析误差的原因。

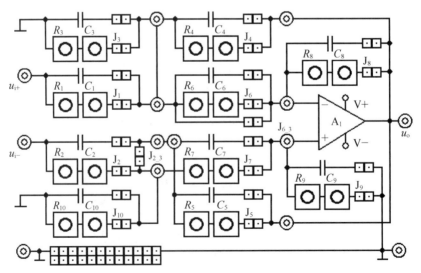

图 1.3.14 实验使用的电路布局

表 1.3.13　原理和实验电路中元件的符号和参数

原理元件	R_1	R_2	R_3	R_f	R_F	C_1	C_2	C_3		
实验元件	R_2	R_7	R_5	R_3	R_4	C_2	C_7	$C_{10}+0.1^*$	J_{2_3}	J_{6_3}
标称值						0.1	0.1	0.2	断	通
单　位	kΩ	kΩ	kΩ	kΩ	kΩ	μF	μF	μF		

＊：$C_{10}+0.1\ \mu F$ 是通过在 C_{10} 两边并联一个 $0.1\ \mu F$ 电容实现,从右边选 $0.1\ \mu F$ 电容插线。

表 1.3.14　输入输出信号记录

频率/Hz	0	10	20	30	40	50	60	70	80	90	100
u_{ipp}/V	5.00	5.00	5.00	5.00	5.00	5.00	5.00	5.00	5.00	5.00	5.00
u_{opp}/V											
绝对增益											
相对增益	1.00										

3. 操作要求

(1) 通带放大倍数 $A_{up}=1.8\pm0.05$,峰值频率 $f_0=50\ Hz$。

(2) 尽量使 $R_1=R_2=2R_3$。

4. 实训任务分析

当取 $R_1=R_2=2R_3=R$,$C_1=C_2=C_3/2=C$ 时,有

$$A_{1p}=1+\frac{R_F}{R_f},\ Q=\frac{1}{2(2-A_{1p})},$$

$$f_0=\frac{1}{2\pi RC},\ f_1=\frac{-1+\sqrt{1+4Q^2}}{2Q}f_0,\ f_2=\frac{1+\sqrt{1+4Q^2}}{2Q}f_0$$

由公式和已知参数可计算得 R_1、R_2、R_3,选定 R_f、R_F 参数,及 Q、f_1、f_2 值。

上、下截止频率是高、低频率端增益分别降至 $0.707A_{up}$ 的频率点。

Q 值越高,频带宽度 $B=f_2-f_1$ 越窄。

截止频率误差主要由元件参数误差引起。

项目 1.4　直流稳压电源

1.4.1　＋5 V直流稳压电源的设计和检测(实训任务1-18)

1. 操作条件

(1) 仪器：相关实验箱1台，万用表1只，信号发生器1台，示波器1台。

(2) 材料：2 mm两头可续插香蕉插头线(20～30 cm，多种颜色)6根，短接块10个。

2. 操作内容

(1) ＋5 V直流稳压电源电路原理如图1.4.1所示，对应的实验电路如图1.4.2所示。实验电路中连接区J_1～J_8用短接块选择连接，其选择含义如表1.4.1所示。J_1～J_4连接区前还各有一跳线区，其线路板下面已焊接了随机跳线，使a、b、c、d四点与A、B、C、D四点两两随机相连，各跳线区的跳线关系不同且未知，只能用万用表测量确定。电路部分元件参数如表1.4.2所示。

(2) J_1、J_2和J_4连接区均连接T；J_5任意连接；J_6连接A；J_7连通；J_8连接A。

(3) 按要求设计C_1的参数，并从备选参数($C_1=470\ \mu F$、$10\ \mu F$)中选择，填入表1.4.2。

(4) J_3先后选通$C_1=10\ \mu F$、$470\ \mu F$，通电。分别观测、画出U_{C1}和U_o波形，记录幅值。

(5) 根据$C_1=470\ \mu F$时测得的U_{C1}和U_o均值，计算平均消耗功率P_{IC}、P_o，填入表1.4.2。

(6) J_8连接D，u_s端输入单相0～4 V频率10 kHz方波信号。J_7先断开($C_4+C_5=0\ \mu F$)，后连通，分别观测U_o波形中的交流信号噪声u_{oS}幅度，记录之。

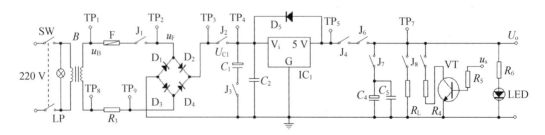

图 1.4.1　＋5 V直流稳压电源电路原理

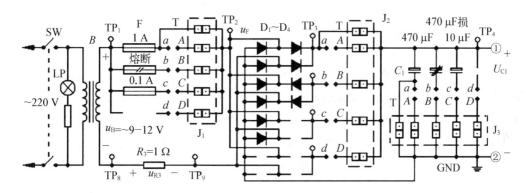

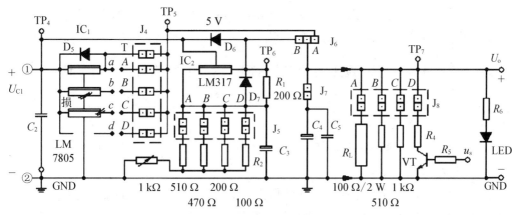

图 1.4.2 电源实验电路

表 1.4.1 $J_1 \sim J_8$ 连接选择的含义

连接区	J_1	J_2	J_3	J_4	J_5	J_6	J_7	J_8
选 择	F 参数	整流电路	C_1 参数	IC_1 元件	R_2 参数	输出电压	C_4 选通	R_L 参数

表 1.4.2 电路元件参数和测试结果

元件或参数名	C_1	C_2	IC_1	C_4	C_5	R_L	VT	R_4	R_5	U_{C1}	U_o	P_{IC}	P_o
选择或测量值		0.33	7 805	330	0.1	100	8 050	100	1				
单 位	μF	μF		μF	μF	Ω		Ω	$K\Omega$	V	V	W	W

3. 操作要求

(1) 变压器次级电压 $u_B = 10$ V 交流,电源输出电压 $U_o = +5$ V 直流。

(2) C_1 取值应使 U_{C1} 电压无较大波动。

(3) 测量记录保留有效数 3 位。

(4) $J_1 \sim J_8$ 连接区均只能有一点连接。

4. 实训任务分析

相关公式: $C_1 \geqslant \dfrac{(3 \sim 5)T}{R_{Lmin}}$, $T = 10$ ms,

$$P_{IC} = (U_{C1} - U_o)I_L = (U_{C1} - U_o)\frac{U_o}{R_L}, \quad P_o = U_oI_L = \frac{U_o^2}{R_L}$$

C_1 的作用是减小脉动电压($T=10$ ms)的波动幅度,要求在最大负载电流(最小负载电阻 R_{Lmin})时,波幅足够小。根据公式可以确定 C_1 值。为了证明 C_1 值的影响,要求测量两种 C_1 值时电路 IC_1 的输入输出电压波形。此时要用双踪示波器直流耦合同时观察输入输出波形,明确地线、直流电压和波形幅度,以及输入输出对应时间关系。

稳压芯片将消耗一定的无功功率,输出电流越大,压差越大,消耗越大,这里无功功率比有功功率还要大。

C_4、C_5 的作用是减小动态负载对稳压输出的影响。测量时从 u_s 端输入单相动态方波信号,可用示波器交流耦合仔细观察有无 C_4、C_5 时的输出电压波形幅度。

1.4.2 ＋2～＋8 V 可调直流稳压电源的设计和检测(实训任务 1 - 19)

1. 操作条件

(1) 仪器:相关实验箱 1 台,万用表 1 只,信号发生器 1 台,示波器 1 台。

(2) 材料:2 mm 两头可续插香蕉插头线(20～30 cm,多种颜色)6 根,短接块 10 个。

2. 操作内容

(1) ＋2～＋8 V 直流稳压电源电路原理如图 1.4.3 所示,对应的实验电路如图 1.4.4 所示。实验电路中连接区 J_1～J_8 用短接块选择连接,其选择含义如表 1.4.3 所示。J_1～J_4 连接区前还各有一跳线区,其线路板下面已焊接了随机跳线,使 a、b、c、d 四点与 A、B、C、D 四点两两随机相连,各跳线区的跳线关系不同且未知,只能用万用表测量确定。电路部分元件参数如表 1.4.4 所示。

(2) 按要求设计保险丝 F 的参数 I_F,从备选参数($I_F=1$ A、0.1 A)中选择,填入表 1.4.4。

(3) 按要求设计 R_2 的参数,将 $U_o=2$ V 和 $U_o=8$ V 对应的 R_2 参数填入表 1.4.4。

(4) J_1 连接选中值的 F。J_5 连接符合 R_2 参数变化范围的连接点。

(5) J_2～J_3 连接区均连接 T;J_4 任意连接;J_6 连接 B;J_7 连通;J_8 连接 A。

(6) 接通电源。观测 U_o 波形,应为直线。调节 R_2,U_o 应达变化范围。否则排查之。

(7) 当 $U_o=2$ V 和 $U_o=8$ V 时,分别测量 u_B、u_{R3},填入表 1.4.4。

(8) 计算各 U_o 时,变压器输出功率 P_B,负载消耗功率 P_o,及相对效率 η,填入表 1.4.4。

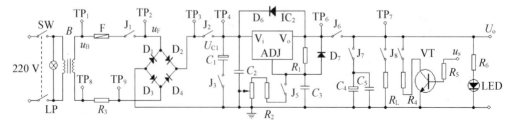

图 1.4.3 ＋2～＋8 V 直流稳压电源电路原理

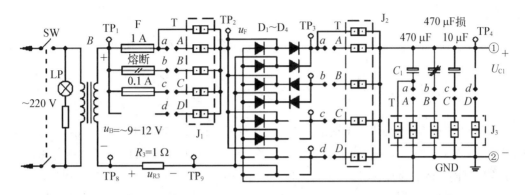

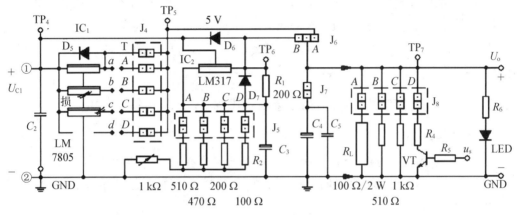

图 1.4.4　电源实验电路

表 1.4.3　$J_1 \sim J_8$ 连接选择的含义

连接区	J_1	J_2	J_3	J_4	J_5	J_6	J_7	J_8
选　择	F 参数	整流电路	C_1 参数	IC_1 元件	R_2 参数	输出电压	C_4 选通	R_L 参数

表 1.4.4　电路元件参数和测试结果

元件或参数名	I_F	R_3	C_1	C_2	IC_2	R_1	R_2	C_3	C_4	C_5	R_L	U_o	u_B	u_{R3}	P_B	P_o	η
选择或测量值	1		470	0.33	LM 317	200			10	330	0.1	100	2					
选择或测量值													8					
单　位	A	Ω	μF	μF		Ω	Ω	μF	μF	μF	Ω	V	V	V	W	W	%

3. 操作要求

(1) 变压器次级电压 $u_B = 10\ V$ 交流, 电源输出电压 $U_o = +2 \sim +8\ V$ 可调直流。

(2) I_F 值应使最重负载时, $I_F \geqslant 5I_{Bmax}$; R_2 的变化范围应使 U_o 达到变化范围。

(3) 测量记录保留有效数 3 位。

(4) $J_1 \sim J_8$ 连接区均只能有一点连接。

4. 实训任务分析

相关公式：$I_{Lmax} = \dfrac{U_{omax}}{R_{Lmin}}$，$I_{Bmax} \approx I_{Lmax}$，$I_F \geqslant 5I_{Bmax}$，$U_o = 1.25 \times \left(1 + \dfrac{R_2}{R_1}\right)$，

$$P_B = u_B I_B = \frac{u_B u_{R3}}{R_3}, \quad P_o = U_o I_L = \frac{U_o^2}{R_L}, \quad \eta = \frac{P_o}{P_B} \times 100\%$$

保险丝的额定电流必须大于正常工作时流过保险丝最大实际电流的 3～5 倍，由公式可以确定保险丝的额定电流值，确定短接块连接点。注意，由于有随机跳线，选中的保险丝不一定连接其附近的连接点，要用万用表测量。测量时暂时断开 $I_F = 0.1$ A 规格的保险丝。

LM317 的原理是保持 V_{out} 和 ADJ 两脚之间 1.25 V 的电压，故有上述公式。据此根据要求的输出电压范围，可以求出 R_2 的取值范围，确定短接块连接点。

因为 u_B、u_{R3} 是正弦波形，必须用万用表交流挡测量，而 U_o 是直流波形，必须用万用表直流挡测量。P_o 一定小于 P_B，其余功率主要消耗在稳压芯片上。

1.4.3 ＋5 V 直流稳压电源的故障检测和排除 1(实训任务 1‐20)

1. 操作条件

(1) 仪器：相关实验箱 1 台，万用表 1 只，信号发生器 1 台，示波器 1 台。

(2) 材料：2 mm 两头可续插香蕉插头线(20～30 cm，多种颜色)6 根，短接块 10 个。

2. 操作内容

(1) ＋5 V 直流稳压电源电路原理如图 1.4.5 所示，对应的实验电路如图 1.4.6 所示。实验电路中连接区 J_1～J_8 用短接块选择连接，其选择含义如表 1.4.5 所示。J_1～J_4 连接区前还各有一跳线区，其线路板下面已焊接了随机跳线，使 a、b、c、d 四点与 A、B、C、D 四点两两随机相连，各跳线区的跳线关系不同且未知，只能用万用表测量确定。电路正常的元件参数如表 1.4.6 所示。

(2) J_1～J_4 连接区首先均连接 A，J_5～J_8 连接区也均连接 A(J_7 连通)。

(3) 接通电源。此时电路会有故障。用万用表或示波器从输出端逆向逐点测量有关测试点电压(逆向电压测试法)，辅以电阻值、电容值测量和外观观察，判断故障所在。

(4) 测量查找 J_1～J_4 连接区正确的连接点(A～D 中选择，不能连接 T)，加以调整并排除故障。

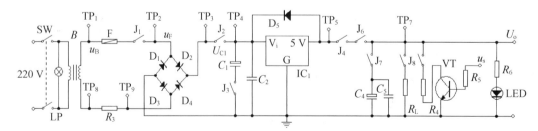

图 1.4.5　＋5 V 直流稳压电源电路原理

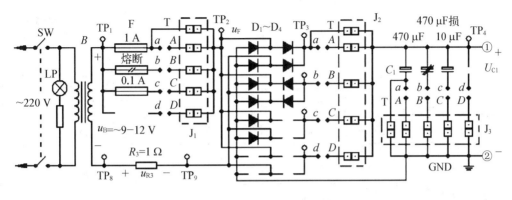

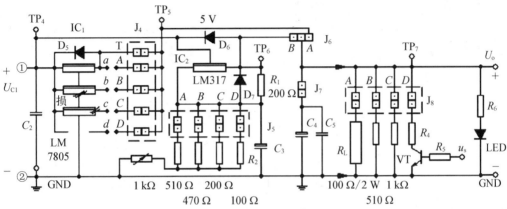

图 1.4.6 电源实验电路

（5）将整个测量、判断、调整过程和结果用表 1.4.7 中的用词或类似格式记录在表 1.4.8 中。

（6）验证电路正常，测量 u_B、U_{C1}、U_o 值，及 U_o 波形，填入表 1.4.8 中。

表 1.4.5　$J_1 \sim J_8$ 连接选择的含义

连接区	J_1	J_2	J_3	J_4	J_5	J_6	J_7	J_8
选　择	F 参数	整流电路	C_1 参数	IC_1 元件	R_2 参数	输出电压	C_4 选通	R_L 参数

表 1.4.6　电路正常的元件和参数

元件或参数名	I_F	R_3	$D_{1\sim5}$	C_1	C_2	IC_1	C_4	C_5	R_L	u_B	U_o
参数值	1	1	1N4007	470	0.33	7 805	330	0.1	100	$\sim$10	+5
单　位	A	Ω		μF	μF		μF	μF	Ω	V	V

表 1.4.7　用于描述测量、观察、结果和状况的用词范例

可用测量	U_o 值	U_{C1} 值	u_B 值	U_o 波	U_{C1} 波	C_1 值	R_F 值	I_F 值
可能结果	0/+5 V	0/+11 V	0/$\sim$10 V	非/直线	起伏大/小	0/47 μF…	0/∞Ω	0.1/1 A

（续表）

可行观察	F 连接		$D_{1\sim4}$ 连接		C_1 连接		IC_1 连接	
可能结果	有	缺失	（如下）		有	缺失	有	缺失
可能状况	F 正常	F 熔断	F 偏小	F 缺失	$D_{1\sim4}$ 正常	D_2D_4 反接	D_2D_4 缺失	$D_{1\sim4}$ 缺失
	C_1 正常	C_1 故障	C_1 偏小	C_1 缺失	IC_1 正常	IC_1 故障	IC_1 故障	IC_1 缺失

表 1.4.8　操作过程和结果记录

实验箱编号		（　　　）号							
操作项		步骤 1	步骤 2	步骤 3	步骤 4	步骤 5	判断状况	原连接	现连接
1. 查 F	观测							J_1—A	
	结果								
2. 查 $D_{1\sim4}$	观测							J_2—A	
	结果								
3. 查 C_1	观测							J_3—A	
	结果								
4. 查 IC_1	观测							J_4—A	
	结果								
5. 验证	观测	u_B 值	U_{C1} 值	U_{C1} 波	U_o 值	U_o 波	电路正常		
	结果								

3. 操作要求

(1) 变压器次级电压 $u_B = \sim 10\,V$ 交流，要求电源输出电压 $U_o = +5\,V$ 直流。

(2) 测量记录保留有效数 2 位。

(3) $J_1 \sim J_8$ 连接区均只能有一点连接。$J_1 \sim J_4$ 连接区不能连接 T。

4. 实训任务分析

$J_1 \sim J_4$ 初始连接后，由于有随机跳线，不一定保证连通正常的元件，也不能确定故障的情况，这样就模拟了随机发生的故障情况。实训任务是要查找故障点并排除之。必须经万用表和示波器测量后分析确定，并找到正确的连接点。

排除故障过程从电路输入端向输出端逐个进行；测量过程则用逆向电压测试法测量查找，这是为了能够全面了解各种故障时电路各点的电压状况。每一步骤需要选择合适的观测内容，并用表 1.4.7 中的用词将过程和结果记录在表 1.4.8 中。

一般先测电压值，有时还需要测电压波形，直到被查元件的输入和输出点。输入正常而输出异常即可判断有故障。再具体查明是何种类型故障。

注意：测电压值和电压波形时，必须上电进行；测元件参数和测量连通关系时，必须断电进行。

1.4.4　＋5 V直流稳压电源的故障检测和排除 2(实训任务 1-21)

1. 操作条件

(1) 仪器：相关实验箱 1 台,万用表 1 只,信号发生器 1 台,示波器 1 台。

(2) 材料：2 mm 两头可续插香蕉插头线(20~30 cm,多种颜色)6 根,短接块 10 个。

2. 操作内容

(1) ＋5 V 直流稳压电源电路原理如图 1.4.7 所示,对应的实验电路如图 1.4.8 所示。实验电路中连接区 J_1~J_8 用短接块选择连接,其选择含义如表 1.4.9 所示。J_1~J_4 连接区

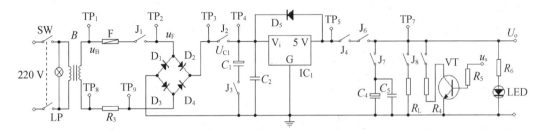

图 1.4.7　＋5 V直流稳压电源电路原理

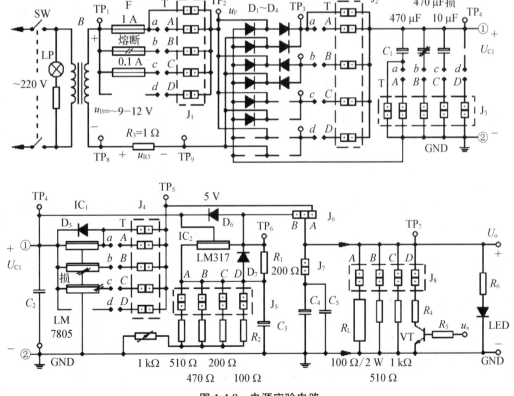

图 1.4.8　电源实验电路

前还各有一跳线区,其线路板下面已焊接了随机跳线,使 a、b、c、d 四点与 A、B、C、D 四点两两随机相连,各跳线区的跳线关系不同且未知,只能用万用表测量确定。电路正常的元件参数如表 1.4.10 所示。

（2）$J_1 \sim J_4$ 连接区首先均连接 B,$J_5 \sim J_8$ 连接区均连接 A（J_7 连通）。

（3）接通电源。此时电路会有故障。用万用表或示波器从输出端逆向逐点测量有关测试点电压（逆向电压测试法）,辅以测量电阻值、电容值和观察外观,判断故障所在。

（4）测量查找 $J_1 \sim J_4$ 连接区正确的连接点（A～D 中选择,不能连接 T）,调整排除故障。

（5）将整个测量、判断、调整过程和结果用表 1.4.11 中的用词或类似格式记录在表 1.4.12 中。

（6）验证电路正常,测量 u_B、U_{C1}、U_o 值,及 U_o 波形,填入表 1.4.12 中。

表 1.4.9 $J_1 \sim J_8$ 连接选择的含义

连接区	J_1	J_2	J_3	J_4	J_5	J_6	J_7	J_8
选　择	F 参数	整流电路	C_1 参数	IC_1 元件	R_2 参数	输出电压	C_4 选通	R_L 参数

表 1.4.10 电路正常的元件和参数

元件或参数名	I_F	R_3	$D_{1\sim4}$	C_1	C_2	IC_1	C_4	C_5	R_L	u_B	U_o
参数值	1	1	1N4007	470	0.33	7 805	330	0.1	100	～10	+5
单　位	A	Ω		μF	μF		μF	μF	Ω	V	V

表 1.4.11 用于描述测量、观察、结果和状况的用词范例

可用测量	U_o 值	U_{C1} 值	u_B 值	U_o 波	U_{C1} 波	C_1 值	R_F 值	I_F 值
可能结果	0/+5 V	0/+11 V	0/～10 V	非/直线	起伏大/小	0/47 μF…	0/∞ Ω	0.1/1 A
可行观察	F 连接		$D_{1\sim4}$ 连接		C_1 连接		IC_1 连接	
可能结果	有	缺失	（如下）		有	缺失	有	缺失
可能状况	F 正常	F 熔断	F 偏小	F 缺失	$D_{1\sim4}$ 正常	$D_2 D_4$ 反接	$D_2 D_4$ 缺失	$D_{1\sim4}$ 缺失
	C_1 正常	C_1 故障	C_1 偏小	C_1 缺失	IC_1 正常	IC_1 故障	IC_1 故障	IC_1 缺失

表 1.4.12 操作过程和结果记录

实验箱编号									

实验箱编号		（　　）号							
操作项		步骤1	步骤2	步骤3	步骤4	步骤5	判断状况	原连接	现连接
1. 查 F	观测							J_1—B	
	结果								

（续表）

实验箱编号		（　　）号							
操作项		步骤 1	步骤 2	步骤 3	步骤 4	步骤 5	判断状况	原连接	现连接
2. 查 $D_{1\sim4}$	观测							J_2—B	
	结果								
3. 查 C_1	观测							J_3—B	
	结果								
4. 查 IC_1	观测							J_4—B	
	结果								
5. 验证	观测	u_B 值	U_{C1} 值	U_{C1} 波	U_o 值	U_o 波	电路正常		
	结果								

3. 操作要求

（1）变压器次级电压 $u_B=\sim10\ \text{V}$ 交流，要求电源输出电压 $U_o=+5\ \text{V}$ 直流。

（2）测量记录保留有效数 2 位。

（3）$J_1\sim J_8$ 连接区均只能有一点连接，$J_1\sim J_4$ 连接区不能连接 T。

4. 实训任务分析

原理、要求、测量方法和步骤同实训任务 1–21。

1.4.5　＋5 V 直流稳压电源的故障检测和排除 3（实训任务 1–22）

1. 操作条件

（1）仪器：相关实验箱 1 台，万用表 1 只，信号发生器 1 台，示波器 1 台。

（2）材料：2 mm 两头可续插香蕉插头线（20～30 cm，多种颜色）6 根，短接块 10 个。

2. 操作内容

（1）＋5 V 直流稳压电源电路原理如图 1.4.9 所示，对应的实验电路如图 1.4.10 所示。实验电路中连接区 $J_1\sim J_8$ 用短接块选择连接，其选择含义如表 1.4.13 所示。$J_1\sim J_4$ 连接区前还各有一跳线区，其线路板下面已焊接了随机跳线，使 a、b、c、d 四点与 A、B、C、D

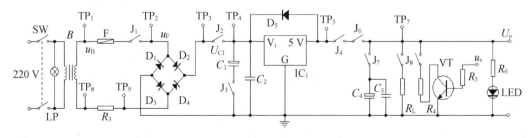

图 1.4.9　＋5 V 直流稳压电源电路原理

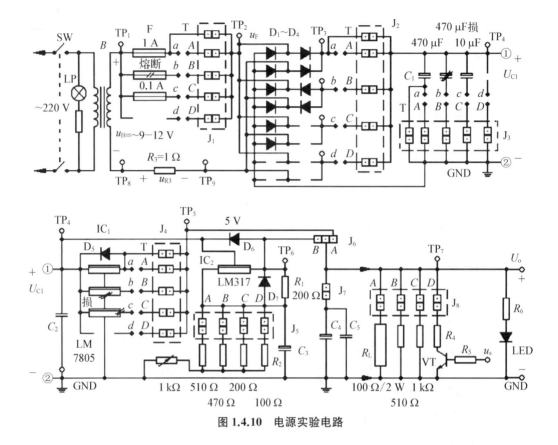

图 1.4.10 电源实验电路

四点两两随机相连,各跳线区的跳线关系不同且未知,只能用万用表测量确定。电路正常的元件参数如表 1.4.14 所示。

(2) $J_1 \sim J_4$ 连接区首先均连接 C,$J_5 \sim J_8$ 连接区均连接 A(J_7 连通)。

(3) 接通电源。此时电路会有故障。用万用表或示波器从输出端逆向逐点测量有关测试点电压(逆向电压测试法),辅以测量电阻值、电容值和观察外观,判断故障所在。

(4) 测量查找 $J_1 \sim J_4$ 连接区正确的连接点(A~D 中选择,不能连接 T),调整排除故障。

(5) 将整个测量、判断、调整过程和结果用表 1.4.15 中的用词或类似格式记录在表 1.4.16 中。

(6) 验证电路正常,测量 u_B、U_{C1}、U_o 值,及 U_o 波形,填入表 1.4.16 中。

表 1.4.13　$J_1 \sim J_8$ 连接选择的含义

连接区	J_1	J_2	J_3	J_4	J_5	J_6	J_7	J_8
选　择	F 参数	整流电路	C_1 参数	IC_1 元件	R_2 参数	输出电压	C_4 选通	R_L 参数

表 1.4.14　电路正常的元件和参数

元件或参数名	I_F	R_3	$D_{1\sim4}$	C_1	C_2	IC_1	C_4	C_5	R_L	u_B	U_o
参数值	1	1	1N4007	470	0.33	7 805	330	0.1	100	$\sim$10	$+5$
单　位	A	Ω		μF	μF		μF	μF	Ω	V	V

表 1.4.15　用于描述测量、观察、结果和状况的用词范例

可用测量	U_o值	U_{C1}值	u_B值	U_o波	U_{C1}波	C_1值	R_F值	I_F值
可能结果	0/+5 V	0/+11 V	0/$\sim$10 V	非/直线	起伏大/小	0/47 $\mu F\cdots$	0/$\infty\Omega$	0.1/1 A
可行观察	F 连接		$D_{1\sim4}$ 连接		C_1 连接		IC_1 连接	
可能结果	有	缺失	（如下）		有	缺失	有	缺失
可能状况	F 正常	F 熔断	F 偏小	F 缺失	$D_{1\sim4}$ 正常	D_2D_4 反接	D_2D_4 缺失	$D_{1\sim4}$ 缺失
	C_1 正常	C_1 故障	C_1 偏小	C_1 缺失	IC_1 正常	IC_1 故障	IC_1 故障	IC_1 缺失

表 1.4.16　操作过程和结果记录

实验箱编号		（　　）号							
操作项		步骤1	步骤2	步骤3	步骤4	步骤5	判断状况	原连接	现连接
1. 查 F	观测							J_1—C	
	结果								
2. 查 $D_{1\sim4}$	观测							J_2—C	
	结果								
3. 查 C_1	观测							J_3—C	
	结果								
4. 查 IC_1	观测							J_4—C	
	结果								
5. 验证	观测	u_B值	U_{C1}值	U_{C1}波	U_o值	U_o波	电路正常		
	结果								

3. 操作要求

(1) 变压器次级电压 $u_B=\sim$10 V 交流，要求电源输出电压 $U_o=+5$ V 直流。

(2) 测量记录保留有效数 2 位。

(3) $J_1\sim J_8$ 连接区均只能有一点连接。$J_1\sim J_4$ 连接区不能连接 T。

4. 实训任务分析

原理、要求、测量方法和步骤同实训任务 1-21。

技能实训 2

数字化医疗仪器

概述　MSP430 基础

2.0.1　MSP430 介绍

MSP430 系列单片机是 TI 公司的一种超低功耗单片机。这里应用的 MSP430F449 具有如下特点：

(1) 低工作电压：1.8～3.6 V。

(2) 超低功耗：活动模式 280 μA(1 MHz,2.2 V),待机模式 1.1 μA,掉电模式(RAM 数据保持) 0.1 μA。

(3) 5 种节电模式。

(4) 从待机到唤醒不到 6 μs。

(5) 8 路 12 位 A/D 转换器带有内部参考源、采样保持、自动扫描特性。

(6) 16 位精简指令结构(RISC),150 ns 指令周期。

(7) 带有 3 个捕获/比较器的 16 位定时器：定时器 A 和定时器 B。

(8) 2 个串行通讯模块 USART0/1,可软件选择 UART/SPI 模式。

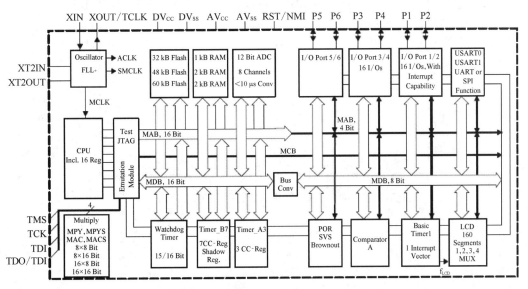

图 2.0.1　MSP430F44X 系列单片机内部结构

（9）片内比较器配合其他器件可构成单斜边 A/D 转换器。

（10）可编程电压监测器。

（11）可在线串行编程，不需要外部编程电压。

（12）驱动段式液晶能力可达 160 段。

（13）可编程的保险熔丝可保护设计者代码。

（14）片内 ROM 为 FLASH，容量 60 kB，RAM 达 2 kB。

MSP430F449 单片机的内部结构如图 2.0.1 所示，其封装为 100 脚 QFP，引脚如图 2.0.2 所示，引脚说明如表 2.0.1 所示。

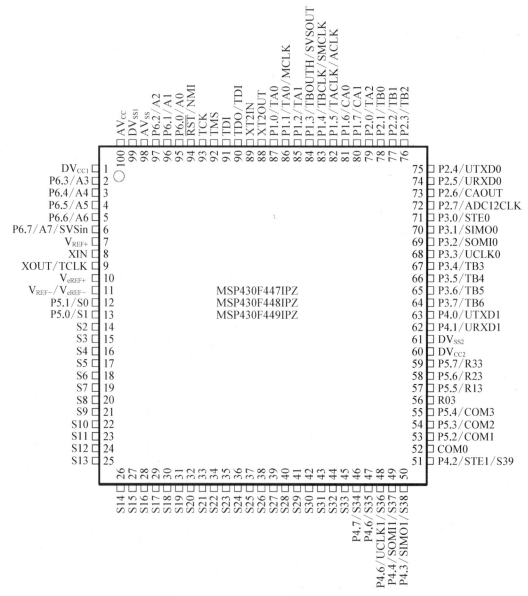

图 2.0.2　MSP430F44X 系列单片机引脚

表 2.0.1 MSP430F449 引脚说明

引脚		I/O	说明
序号	名称		
1	DV_{CC1}		数字电源电压正端。
2	P6.3/A3	I/O	通用数字 I/O 端口/A/D 转换器模拟输入通道 3。
3	P6.4/A4	I/O	通用数字 I/O 端口/A/D 转换器模拟输入通道 4。
4	P6.5/A5	I/O	通用数字 I/O 端口/A/D 转换器模拟输入通道 5。
5	P6.6/A6	I/O	通用数字 I/O 端口/A/D 转换器模拟输入通道 6。
6	P6.7/A7/SVSIN	I/O	通用数字 I/O 端口/A/D 转换器模拟输入通道 7/外部电源监测输入端。
7	V_{REF+}	O	A/D 转换器内部参考电压的输出正端。
8	XIN	I	晶体振荡器 XT1 的输入端口。
9	XOUT/TCLK	I/O	晶体振荡器 XT1 的输出引脚/测试时钟输入端。
10	V_{eREF+}	I	外部参考电压的输入正端。
11	V_{REF-}/V_{eREF-}	I	内部/外部 A/D 转换其参考电压负端。
12	P5.1/S0	I/O	通用数字 I/O 端口/液晶驱动段输出。
13	P5.0/S1	I/O	通用数字 I/O 端口/液晶驱动段输出。
14～45	S2 - S33	O	液晶驱动段输出。
46	P4.7/S34	I/O	通用数字 I/O 端口/液晶驱动段输出。
47	P4.6/S35	I/O	通用数字 I/O 端口/液晶驱动段输出。
48	P4.5/UCLK1/S36	I/O	通用数字 I/O 端口/串口外部时钟输入/液晶驱动段输出。
49	P4.4/SOMI1/S37	I/O	通用数字 I/O 端口/串口 SPI 从出主入/液晶驱动段输出。
50	P4.3/SIMO1/S38	I/O	通用数字 I/O 端口/串口 SPI 从入主出/液晶驱动段输出。
51	P4.2/STE1/S39	I/O	通用数字 I/O 端口/串口 SPI 从发送使能/液晶驱动段输出。
52	COM0	O	液晶公共输出端。
53	P5.2/COM1	I/O	通用数字 I/O 端口/液晶公共输出端。
54	P5.3/COM2	I/O	通用数字 I/O 端口/液晶公共输出端。
55	P5.4/COM3	I/O	通用数字 I/O 端口/液晶公共输出端。
56	R03	I	液晶电压输入端 V5。
57	P5.5/R13	I/O	通用数字 I/O 端口/液晶电压输入端 V4/V3。
58	P5.6/R23	I/O	通用数字 I/O 端口/液晶电压输入端 V2。
59	P5.7/R33	I/O	通用数字 I/O 端口/液晶电压输入端 V1。
60	DV_{CC2}		数字电源电压正端。
61	DV_{SS2}		数字电源地。

（续表）

引 脚		I/O	说 明
序号	名 称		
62	P4.1/URXD1	I/O	通用数字 I/O 端口/串口 UART1 数据接收端。
63	P4.0/UTXD1	I/O	通用数字 I/O 端口/串口 UART1 数据发送端。
64	P3.7/TB6	I/O	通用数字 I/O 端口/定时器 B CCR6,捕获:CCI6A/CCI6B 输入,比较:OUT6 输出。
65	P3.6/TB5	I/O	通用数字 I/O 端口/定时器 B CCR5,捕获:CCI5A/CCI5B 输入,比较:OUT5 输出。
66	P3.5/TB4	I/O	通用数字 I/O 端口/定时器 B CCR4,捕获:CCI4A/CCI4B 输入,比较:OUT4 输出。
67	P3.4/TB3	I/O	通用数字 I/O 端口/定时器 B CCR3,捕获:CCI3A/CCI3B 输入,比较:OUT3 输出。
68	P3.3/UCLK0	I/O	通用数字 I/O 端口/外部时钟输入 - UART0/SPI0 模式/时钟输出 - SPI0 模式。
69	P3.2/SOMI0	I/O	通用数字 I/O 端口/SPI0 模式的从出主入。
70	P3.1/SIMO0	I/O	通用数字 I/O 端口/SPI0 模式的从入主出。
71	P3.0/STE0	I/O	通用数字 I/O 端口/SPI0 模式的从发送使能。
72	P2.7/ADC12CLK	I/O	通用数字 I/O 端口/12 位 A/D 转换器的转换时钟。
73	P2.6/CAOUT	I/O	通用数字 I/O 端口/比较器 A 输出。
74	P2.5/URXD0	I/O	通用数字 I/O 端口/UART0 模式的数据接收端。
75	P2.4/UTXD0	I/O	通用数字 I/O 端口/UART0 模式的数据发送端。
76	P2.3/TB2	I/O	通用数字 I/O 端口/定时器 B CCR2,捕获:CCI2A/CCI2B 输入,比较:OUT2 输出。
77	P2.2/TB1	I/O	通用数字 I/O 端口/定时器 B CCR1,捕获:CCI1A/CCI1B 输入,比较:OUT1 输出。
78	P2.1/TB0	I/O	通用数字 I/O 端口/定时器 B CCR0,捕获:CCI0A/CCI0B 输入,比较:OUT0 输出。
79	P2.0/TA2	I/O	通用数字 I/O 端口/定时器 A,捕获:CCI2A 输入,比较:OUT2 输出。
80	P1.7/CA1	I/O	通用数字 I/O 端口/比较器_A 输入端 1。
81	P1.6/CA0	I/O	通用数字 I/O 端口/比较器_A 输入端 0。
82	P1.5/TACLK/ ACLK	I/O	通用数字 I/O 端口/定时器 A 时钟信号 TACLK 输入端/ACLK 输出端。
83	P1.4/TBCLK/ SMCLK	I/O	通用数字 I/O 端口/定时器 B 时钟信号 TBCLK 输入端/SMCLK 输出端。

(续表)

引　　脚		I/O	说　　　明
序号	名　　称		
84	P1.3/TBOUTH/ SVSOUT	I/O	通用数字 I/O 端口/定时器 B 的 PWM 端口为高阻/SVS 输出。
85	P1.2/TA1	I/O	通用数字 I/O 端口/定时器 A，捕获：CCI1A 输入，比较：OUT1 输出。
86	P1.1/TA0/MCLK	I/O	通用数字 I/O 端口/定时器 A，捕获：CCI0B/MCLK 输出。
87	P1.0/TA0	I/O	通用数字 I/O 端口/定时器 A，捕获：CCI0A 输入，比较：OUT0 输出。
88	XT2OUT	O	晶体振荡器 2 输出端。
89	XT2IN	I	晶体振荡器 2 输入端。
90	TDO/TDI	I/O	测试数据输出口/编程数据输入口。
91	TDI	I	测试数据输入口，器件的保护熔丝被连接到 TDI。
92	TMS	I	测试模式选择端口，器件编程与测试的输入口。
93	TCK	I	测试时钟，器件编程或测试的时钟输入接口。
94	$\overline{\text{RST}}$/NMI	I	复位输入端/非屏蔽中断输入端。
95	P6.0/A0	I/O	通用数字 I/O 端口/12 位 A/D 转换器模拟输入通道 0。
96	P6.1/A1	I/O	通用数字 I/O 端口/12 位 A/D 转换器模拟输入通道 1。
97	P6.2/A2	I/O	通用数字 I/O 端口/12 位 A/D 转换器模拟输入通道 2。
98	AV_{SS}		模拟电源负端，向 SVS、节电、振荡器、锁相环、比较器 A、P1 口、LCD 等电路供电。
99	DV_{SS1}		数字电源地。
100	AV_{CC}		模拟电源正端，向 SVS、节电、振荡器、锁相环、比较器 A、P1 口、LCD 等电路供电。

2.0.2　时钟模块

由图 2.0.2 的引脚可以看出，MSP430F449 可接 2 个外部晶振，分别是 XIN – XOUT 和 XT2IN – XT2OUT，加上单片机内部的 DCO 数控振荡器，即构成时钟模块的 3 个时钟源：① LFXT1CLK，低频时钟，本系统中即 XIN – XOUT 连接的 32.768 kHz 晶振；② XT2CLK，高频时钟，本系统中即 XT2IN – XT2OUT 连接的 8 MHz 晶振；③ DCOCLK，片内数控 RC 振荡器，其稳定性可由锁相环（FLL＋）硬件控制。

这 3 个时钟源构成的时钟模块可提供 4 种时钟信号，如图 2.0.3 所示。

（1）ACLK：辅助时钟，来自 LFXT1CLK 信号，可由软件选为各外围模块的时钟信

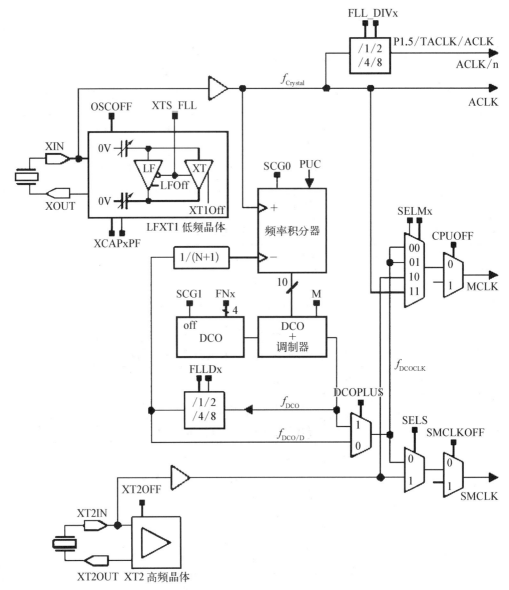

图 2.0.3　MSP430F449 时钟模块

号,一般用于低速外设。

　　(2) ACLK/n:ACLK 经 1、2、4、8 分频后由引脚 P1.5 输出,仅供外部电路使用。

　　(3) MCLK:系统主时钟,可由软件选择来自 3 个时钟源的任何一个,然后经 1、2、4、8 分频得到,主要用于 CPU 和系统。

　　(4) SMCLK:子系统时钟,可由软件选择来自 XT2CLK 和 DCOCLK,主要用于高速外围模块。

　　1. 时钟模块寄存器

　　时钟模块寄存器如表 2.0.2 所示。

表 2.0.2　MSP430F449 时钟模块寄存器

寄 存 器	缩 写	类 型	地 址	复位值
系统时钟控制寄存器	SCFQCTL	读/写	0x52	0x1F
系统时钟频率调整寄存器 0	SCFI0	读/写	0x50	0x40
系统时钟频率调整寄存器 1	SCFI1	读/写	0x51	0x00
FLL＋控制寄存器 0	FLL_CTL0	读/写	0x53	0x03
FLL＋控制寄存器 1	FLL_CTL1	读/写	0x54	0x00

1) SCFQCTL：系统时钟控制寄存器，复位值 0x1F

7	6	5	4	3	2	1	0
SCFQ_M	N						

SCFQ_M：频率调制器使能控制；0 表示频率调整器使能；1 表示频率调整器禁止。

N：DCOCLK 倍频数；N 必须大于 0；若 DCOPLUS（寄存器 FLL_CTL0 中）$=0$，$f_{DCOCLK}=(N+1)\times f_{crystal}$；若 DCOPLUS$=1$，$f_{DCOCLK}=D\times(N+1)\times f_{crystal}$；其中 $f_{crystal}$ 一般为 ACLK，D 为分频数。

2) SCFI0：系统时钟频率调整寄存器 0，复位值 0x40

7	6	5	4	3	2	1	0
FLLDx		FN_x				MODx(LSBx)	

FLLDx：锁相环分频系数，DCOCLK 在 FLL＋反馈环中被分频；00 表示不分频；01 表示 2 分频；10 表示 4 分频；11 表示 8 分频。

FN_x：DCOCLK 频率的调整范围控制；具体范围如表 2.0.3 所示。

表 2.0.3　DCOCLK 频率的调整范围

FN_5	FN_4	FN_3	FN_2	f_{DCOCLK}/MHz
0	0	0	0	0.65~6.1
0	0	0	1	1.3~12.1
0	0	1	$\times$	2~17.9
0	1	$\times$	$\times$	2.8~26.6
1	$\times$	$\times$	$\times$	4.2~46

MODx(LSBx)：10 位 DCOCLK 频率调整器参数的最后两位，由硬件自动完成。

3) SCFI1：系统时钟频率调整寄存器 1，复位值 0x00

7	6	5	4	3	2	1	0
DCOx					MODx(MSB)		

DCOx：DCOCLK 频率周期控制，由锁相环自动控制 DCO 频率值，由硬件自动完成。

MODx：频率调整器参数的高 3 位，低 2 位在寄存器 SCFI0 中，这 5 位由硬件自动完成。

4）FLL_CTL0：FLL＋控制寄存器 0，复位值 0x03

7	6	5	4	3	2	1	0
DCOPLUS	XTS_FLL	XCAPxPF		XT2OF	XT1OF	LFOF	DCOF

DCOPLUS：选择 DCO 用作 MCLK 或 SMCLK 前是否需要预分频；0 表示不分频；1 表示分频；分频数由 SCFI0 中的 FLLDx 控制。

XTS_FLL：LFXT1 模式选择位；0 表示低频模式；1 表示高频模式。

XCAPxPF：选择 LFXT1 晶振的有效电容；00 表示 1 pF；01 表示 6 pF；10 表示 8 pF；11 表示 10 pF。

XT2OF：XT2 振荡器失效标志，只读；0 表示没有失效；1 表示失效。

XT1OF：LFXT1 振荡器在高频模式（HF）下失效标志，只读；0 表示没有失效；1 表示失效。

LFOF：LFXT1 振荡器在低频模式（LF）下失效标志，只读；0 表示没有失效；1 表示失效。

DCOF：DCO 振荡器失效标志，只读；0 表示没有失效；1 表示失效。

5）FLL_CTL1：FLL＋控制寄存器 1，复位值 0x00

7	6	5	4	3	2	1	0
—	SMCLKOFF	XT2OFF	SELMx		SELS	FLL_DIVx	

SMCLKOFF：时钟信号 SMCLK 关闭位；0 表示 SMCLK 打开；1 表示 SMCLK 关闭。

XT2OFF：XT2 振荡器关闭位；若 XT2 没有被用做 MCLK 或 SMCLK，则关闭 XT2；0 表示打开 XT2；1 表示关闭 XT2。

SELMx：选择 MCLK 时钟源；00、01 表示 DCOCLK；10 表示 XT2CLK；11 表示 LFXT1CLK，即 ACLK。

SELS：选择 SMCLK 时钟源；0 表示 DCOCLK；1 表示 XT2CLK。

FLL_DIV：LFXT1 频率（ACLK）分频因子；00 表示不分频；01 表示 2 分频；10 表示 4 分频；11 表示 8 分频。

2. 时钟初始化步骤

(1) 关闭看门狗。

(2) 设置 FLL_CTL1,配置时钟。

(3) 等待时钟运转稳定。

3. 程序示例

下面给出了本实验系统的时钟初始化函数,可用于后续所有任务;另外主函数的设置,可进行时钟的测量。

```
#include <msp430x44x.h>


// CPU 时钟初始化
void CPU_Clock_Init(void)
{
    int i, j;
    WDTCTL = WDTHOLD + WDTPW;    // 关闭看门狗
    FLL_CTL1=BIT4| BIT2;    // MCLK = SMCLK=XT2CLK=8MHz
    while(IFG1&OFIFG)                   // 等待时钟运转稳定无错误标志
    {
        IFG1 &= ~OFIFG;                 // 清除时钟错误标志
        for(i=0;i<255;i++)              // 延时
            for(j=0;j<200;j++);
    }
}


// 主函数,分别测量相关时钟输出引脚,根据初始化设置确认相关时钟的计算
void main(void)
{
    CPU_Clock_Init();       // 时钟初始化

    P1SEL = BIT1 |BIT4| BIT5;    // 设 P1.1、P1.4、P1.5 分别为 MCLK、SMCLK
                                 //      和 ACLK
    P1DIR = BIT1 +BIT4 + BIT5;   // P1.1、P1.4、P1.5 均设为输出

    while(1);
}
```

2.0.3　I/O端口控制

MSP430F449有P1~P6共6个8位的I/O端口,可进行独立的输入/输出功能和相关片内外设的功能,P1和P2端口还具有中断能力。

1. 端口寄存器

P1~P6每个端口都有输入/输出方向寄存器、输入寄存器、输出寄存器和功能选择寄存器,而P1和P2还有中断相关的中断标志寄存器、中断触发沿选择寄存器和中断使能寄存器。

1) PxDIR:输入/输出方向寄存器,复位值0x00

该寄存器的8位分别对应了Px端口的8个引脚的输入/输出方向,0表示输入,1表示输出。上电复位后,该寄存器值为00 H,即复位后置为输入。

2) PxIN:输入寄存器

该寄存器为只读寄存器,可通过读取该寄存器可获得I/O端口输入的信号。0表示低电平,1表示高电平。

3) PxOUT:输出寄存器

给输出寄存器写入值,可控制输出引脚上的电平状态,0表示输出低电平,1表示输出高电平。在进行"读-修改-写"指令时,也可以读取该寄存器,读到的内容为前一次输出的内容。

4) PxSEL:功能选择寄存器,复位值0x00

I/O端口的引脚功能都是复用的,除作为通用输入/输出外,还可作为片内外围模块的功能引脚,该寄存器即用来选择该引脚的功能:0表示通用I/O端口,1表示外围模块引脚功能。

5) PxIFG:中断标志寄存器,复位值0x00

该寄存器设有8个标志位,分别标志对应引脚是否有中断请求,0表示没有中断请求,1表示有中断请求。8个中断请求共用一个中断向量,当进行中断服务时,必须软件判断该寄存器,从而确定哪一中断请求,并将该请求标志清零。

6) PxIES:中断触发沿选择寄存器

该寄存器的8位对应8个引脚,0表示上升沿触发,1表示下降沿触发。

7) PxIE:中断使能寄存器,复位值0x00

该寄存器对应8个引脚是否允许中断,0表示禁止中断,1表示允许中断。

2. 程序示例

```
//系统I/O引脚初始化函数
void CPU_IO_Pin_Init(void)
{
    P1IE = 0x00;        // P1 中断关闭
    P1SEL = 0x00;       // P1 均选择为通用I/O端口
```

```
P1DIR = 0xf0;          // P1.0/P1.1/P1.2/P1.3 输入,P1.4/P1.5/P1.6/P1.7 输出
P1OUT=0xff;            // P1.4/P1.5/P1.6/P1.7 输出高电平
P1OUT &= ~BIT6;        // P1.6 输出低电平

P2IE=0x00;             // P2 中断关闭

P4SEL=0x00;            // P4 均选择为通用 I/O 端口
P4DIR=0xff;            // P4 口设为输出
P4OUT=0xff;            // P4 口输出高电平
}
```

项目 2.1 显 示 输 出

2.1.1 发光二极管控制

1. 发光二极管工作原理

发光二极管通常称为LED,其内部具有发光特性的PN结,如在二极管的两端施加电压,二极管的P极与N极之间电子发生流动,PN结导通时,依靠少数载流子的注入以及随后的复合从而辐射发光。发光二极管能在低电压(1.5~2.5 V)、小电流(5~30 mA)的条件下工作,即可获得足够的亮度,发光响应速度快、高频特性好、能显示脉冲信息、防震动及抗击穿性能好,功耗低、寿命长、容易与数字集成电路匹配。

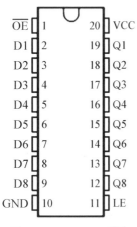

图 2.1.1 74HC573 引脚

要点亮一个发光二极管,则须在发光二极管两端加正向电压,即阳极电压要高于阴极电压。

2. 74HC573

74HC573 是一款带输出锁存功能的 8 位 D 触发器芯片,适用于各寄存器以及 I/O 端口的缓存。其引脚如图 2.1.1 所示,引脚说明如表 2.1.1 所示,真值如表 2.1.2 所示。

表 2.1.1 74HC573 引脚说明

管　脚	名　称	功　能
1	$\overline{OE}$	输出允许,低电平有效。
2~9	D1~D8	8 位信号输入端。
10	GND	地。
11	LE	锁存允许,高电平有效。
12~19	Q8~Q1	8 位信号输出端。
20	VCC	工作电源,2~6 V。

表 2.1.2 74HC573 真值

输　　　入			输出
$\overline{OE}$	LE	D	Q
0	1	1	1
0	1	0	0
0	0	$\times$	Q_0
1	$\times$	$\times$	Z

$\overline{OE}$为高电平时,Q端输出为高阻态 Z;$\overline{OE}$为低电平时,芯片正常工作。而在$\overline{OE}$端为低电平的情况下,LE 为高电平时,输入与输出直通,即输出与输入保持一致;而当 LE 端为低电平时,输入与输出断开,输出锁存,即输出为上一次 LE 端高电平时的输入,不随着当前的输入而变化。

3. 系统原理

图 2.1.2 显示出本系统中发光二极管部分原理。系统中共有 8 位发光二极管,采用共阳极接法,即 LED 的阳极均连在一起,且已接+5 V,故对 LED 只需控制其阴极,阴极加低电平即可点亮相应的 LED。系统中,8 位 LED 的阴极经限流电阻连到了锁存器74HC573 的输出端,而锁存器输入端连接了 P4 端口,故控制 P4 端口 8 位的高低电平状态,即可控制发光二极管的亮暗,不过这都必须在$\overline{OE}$和 LE 有效的前提下。LE 已经连接+5 V,$\overline{OE}$由一个 3 选 1 的短路块控制,在实验箱上,将短路块接到 DIS_SEL 的 LED处,就是将$\overline{OE}$接地。发光二极管从左到右分别是 LED1～LED8。

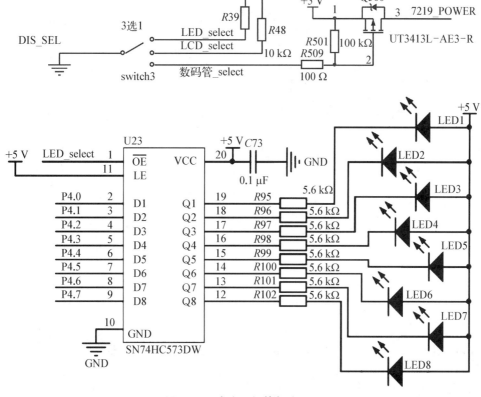

图 2.1.2 发光二极管部分原理

4. 程序示例

下面程序依次点亮 8 个发光二极管实现流水灯:循环点亮发光二极管,同一时刻仅点亮一个,点亮方向为右移。其中时钟初始化和 I/O 端口初始化可参考概述。

```
// 延时 x 毫秒的函数,x：延时的毫秒数
void Delay_ms(unsigned intx)
{
    int i;
    while（x——）
    {
        for(i=0;i<1150;i++);   // 约 1ms
    }
}


// 主函数
void main()
{
    int i;
    CPU_Clock_Init();      // CPU 时钟配置
    CPU_IO_Pin_Init();     // CPU I/O 引脚配置,设置 P4 为输出

    while(1)
    {
        for(i=0;i<8;i++)
        {
            P4OUT = ~(0x01 << i);     // 先点亮 LED1,再右移依次点亮
            Delay_ms(500);           // 每点亮 1 位,延时 0.5s
        }
    }
}
```

5. 实训任务 2-1

1) 操作条件

(1) 仪器设备：实验箱 1 套,示波器 1 台,常用工具 1 套,仿真器 1 套。

(2) 图纸资料：电路图 1 份。

2) 操作内容

在实验系统上,利用 P4 口控制发光二极管实现"●●○○○●●○○○"的状态(即"亮亮暗暗暗亮亮暗暗暗"),并依次左移循环,每位的点亮时间可自行调整。

(1) 根据电路图,写出本题使用的芯片名称。

(2) 画出程序流程框图。

（3）完成程序设计。

（4）调试程序，测试 P4.0，记录波形。

3）操作要求

（1）正确画流程框图、完成程序设计。

（2）正确进行软硬件调试，测试波形。

2.1.2 LED 数码管控制

1. LED 数码管工作原理

LED 数码管显示器外形结构如图 2.1.3（c）所示，本质上由 8 个发光二极管拼成 8 字形，其内部结构有共阴极和共阳极两种，如图 2.1.3（a）、（b）所示。共阴极将 8 位 LED 的阴极连接在一起，组成公共端；共阳极将 8 位 LED 的阳极连接在一起，组成公共端。

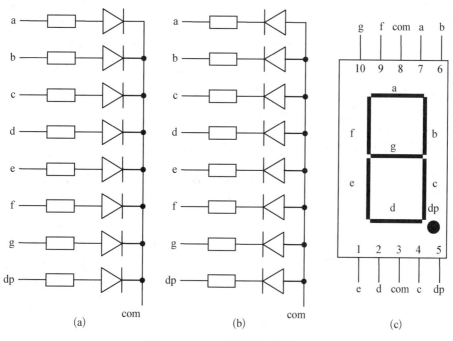

图 2.1.3　LED 数码管结构原理

（a）共阴极　（b）共阳极　（c）外形结构

a～g 引脚输入不同的 8 位二进制编码，即点亮相应的数码段，从而显示不同的数字或字符。共阴极和共阳极的字段码互为反码。表 2.1.3 给出了对应段码，其中 a 为低位。

表 2.1.3　共阴极、共阳极显示段码

显示字符	共阴极字段码	共阳极字段码	显示字符	共阴极字段码	共阳极字段码
0	0x3F	0xC0	C	0x39	0xC6
1	0x06	0xF9	D	0x5E	0xA1

显示字符	共阴极字段码	共阳极字段码	显示字符	共阴极字段码	共阳极字段码
2	0x5B	0xA4	E	0x79	0x86
3	0x4F	0xB0	F	0x71	0x8E
4	0x66	0x99	P	0x73	0x8C
5	0x6D	0x92	U	0x3E	0xC1
6	0x7D	0x82	T	0x31	0xCE
7	0x07	0xF8	Y	0x6E	0x91
8	0x7F	0x80	L	0x38	0xC7
9	0x6F	0x90	8.	0xFF	0x00
A	0x77H	0x88	"灭"	0x00	0xFF
B	0x7CH	0x83	……	……	……

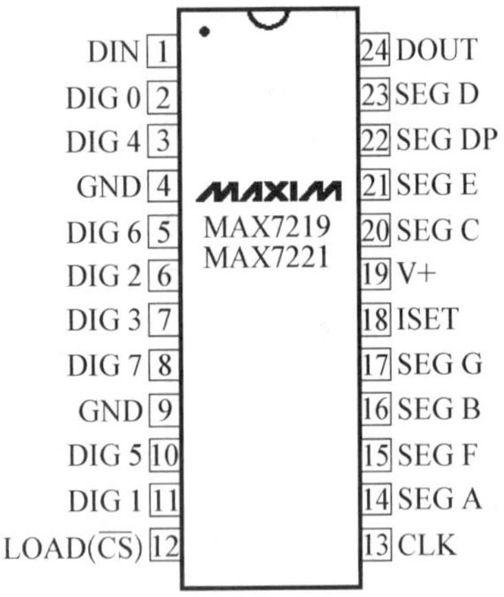

图 2.1.4　MAX7219 引脚

LED 数码管的显示方式分静态显示和动态显示。当数码管较多且 I/O 端口引线数量不足时常采用动态显示方式。

2. MAX7219

MAX7219 是一种集成化的串行输入/输出共阴极显示驱动器，它连接微控制器与 8 位数字的 7 段数码管 LED 显示器，也可以连接 64 个独立的 LED。其上包括一个片上的 B 型 BCD 编码器、多路扫描回路、段字驱动器，而且还有一个 8×8 的静态 RAM 来存储每一个数据。

图 2.1.4 显示出 MAX7219 引脚，具体引脚说明如表 2.1.4 所示。

表 2.1.4　MAX7219 引脚说明

管　脚	名　称	功　　　能
1	DIN	串行数据输入端口；在 CLK 上升沿时数据被载入内部的 16 位寄存器。
2,3,5～ 8,10,11	DIG0～ DIG7	8 个数据驱动线路；控制 8 个数码管的公共端；0 点亮相应位，关闭时此管脚输出高电平。
4,9	GND	地线；4 脚和 9 脚必须同时接地。
12	LOAD	载入数据；连续数据的后 16 位在 LOAD 端的上升沿时被锁定。
13	CLK	时钟序列输入端；最大速率为 10 MHz；在时钟的上升沿，数据移入内部移位寄存器；下降沿时，数据从 DOUT 端输出。

（续表）

管　脚	名　称	功　　能
14~17，20~23	SEGA~SEGG，DP	7 段和小数点驱动，为显示器提供电流；当一个段驱动关闭时，7219 的此端呈低电平。
18	ISET	通过一个电阻连接到 VDD 来提高段电流。
19	V₊	正极电压输入；+5 V。
24	DOUT	串行数据输出端口，从 DIN 输入的数据在 16.5 个时钟周期后在此端有效。当使用多个 MAX7219 时用此端方便扩展。

在 CLK 时钟的上升沿，DIN 引脚依次送入 16 位数据，具体数据格式如表 2.1.5 所示，然后数据在 LOAD 的上升沿被载入数据寄存器或控制寄存器，具体时序如图 2.1.5 所示。

表 2.1.5　串行数据格式

D15	D14	D13	D12	D11	D10	D9	D8	D7	D6	D5	D4	D3	D2	D1	D0
×	×	×	×	地址				MSB			数据			LSB	

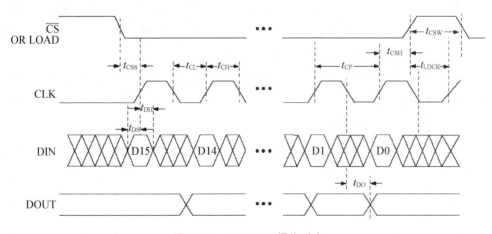

图 2.1.5　MAX7219 操作时序

16 位数据的高 8 位为寄存器地址，具体可参考表 2.1.6；低 4 位为送入该寄存器的数据。当 LOAD 低电平时，MAX7219 有效，可进行数据传输。在每一个 CLK 的上升沿，DIN 端口由高位开始，依次送出 16 位数据。数据传输完毕，LOAD 拉高，将数据加载到相关寄存器，控制显示。

表 2.1.6 列出了 14 个可寻址的数据寄存器和控制寄存器。数据寄存器由一个在片上的 8×8 位的双向 SRAM 来实现，可设置 8 位数码管的显示数据。控制寄存器包括编码模式、显示亮度、扫描限制、关闭模式以及显示检测 5 个寄存器。

表 2.1.6 寄 存 器 地 址

寄存器	地 址					地址码
	D15～D12	D11	D10	D9	D8	
非操作	×	0	0	0	0	0x00
Digit 0	×	0	0	0	1	0x01
Digit 1	×	0	0	1	0	0x02
Digit 2	×	0	0	1	1	0x03
Digit 3	×	0	1	0	0	0x04
Digit 4	×	0	1	0	1	0x05
Digit 5	×	0	1	1	0	0x06
Digit 6	×	0	1	1	1	0x07
Digit 7	×	1	0	0	0	0x08
译码方式	×	1	0	0	1	0x09
亮　度	×	1	0	1	0	0x0A
扫描界限	×	1	0	1	1	0x0B
关　闭	×	1	1	0	0	0x0C
显示测试	×	1	1	1	1	0x0F

非操作寄存器 No‐Op：用于多片 7219 级联工作方式,将多片 7219 的 LOAD 端彼此相连,DOUT 端与相邻 7219 的 DIN 端相连。

译码方式寄存器 Decode Mode：8 位数据的分别对应 8 位数码管是否译码,其中 0 表示不译码,1 表示译码;如 0x00、0x01、0x0F 和 0xFF 分别表示不译码、只对 DIG0 译码、只对 DIG0～DIG3 译码和对 DIG0～DIG7 译码。

在译码方式下,用户只需将要显示数据的 BCD 码作为数据发送到 DIN 端,具体格式如表 2.1.7 所示。译码器只对数据的低四位进行译码(D3～D0),D4～D6 为无效位,D7 位作为小数点的设置,需要显示小数点时,该位为 1。

表 2.1.7　数据译码格式

显示字符	数 据						数据码
	D7	D6～D4	D3	D2	D1	D0	
0		×	0	0	0	0	0x00
1		×	0	0	0	1	0x01
2		×	0	0	1	0	0x02
3		×	0	0	1	1	0x03
4		×	0	1	0	0	0x04
5		×	0	1	0	1	0x05

（续表）

显示字符	数据						数据码
	D7	D6～D4	D3	D2	D1	D0	
6		×	0	1	1	0	0x06
7		×	0	1	1	1	0x07
8		×	1	0	0	0	0x08
9		×	1	0	0	1	0x09
—		×	1	0	1	0	0x0A
E		×	1	0	1	1	0x0B
H		×	1	1	0	0	0x0C
L		×	1	1	0	1	0x0D
P		×	1	1	1	0	0x0E
空（全灭）		×	1	1	1	1	0x0F

在非译码方式下，用户需要计算显示数据或符号的段码（1 点亮对应段），将其发送到 DIN 端，其中最高位 D7 位为小数点 DP，然后由高到低依次为 A～G，这与一般 A 为低位不同，具体格式如表 2.1.8 所示。

表 2.1.8　数据非译码格式

	数据							
	D7	D6	D5	D4	D3	D2	D1	D0
段号	DP	A	B	C	D	E	F	G

显示亮度寄存器 Intensity：亮度数据由 0x00（最暗）至 0x0F（最亮）16 种情况决定，亮度脉冲的占空系数分别为 1/32、3/32、5/32、…、29/32、31/32。

扫描界限寄存器 Scan Limit：数据范围 0x00 至 0x07，分别表示扫描显示的位为 DIG0 或 DIG0 和 DIG1 或 DIG0 至 DIG2…或 DIG0 至 DIG7 八种情况。

寄存器 Shut Down：数据 D0 位为 1 时，为通常工作方式；D0 位为 0 则为关闭方式，即低功耗方式，段驱动电流停止输出、寄存器中数据维持不变。

显示测试寄存器 Display Test：数据 D0 位为 0 时，7219 为通常工作方式；D0 位为 1 则为显示测试方式：8 位 LED 被扫描、占空系数为 31/32。

3. MAX7219 操作步骤

1）初始化 7219

（1）设置关闭寄存器 Shut Down，数码管为非关闭模式。

（2）设置显示测试寄存器 Display Test，为非测试模式。

（3）设置译码方式寄存器 Decode Mode。

（4）设置显示亮度寄存器 Intensity。

（5）设置扫描界限寄存器 Scan Limit。

2）写 7219 相关寄存器

（1）将寄存器地址和待写入数据拼成要求的 16 位数据格式。

（2）CLK 拉低，LOAD 拉低，准备发送。

（3）循环 16 次送出 16 位数据：CLK 拉低，DIN 送数据，CLK 拉高（实现上升沿）。

（4）LOAD 拉高，CLK 拉低，传输结束。

4. 系统原理

图 2.1.6 显示出系统平台中数码管的硬件原理。其中，MAX7219 的输入信号 DIN、

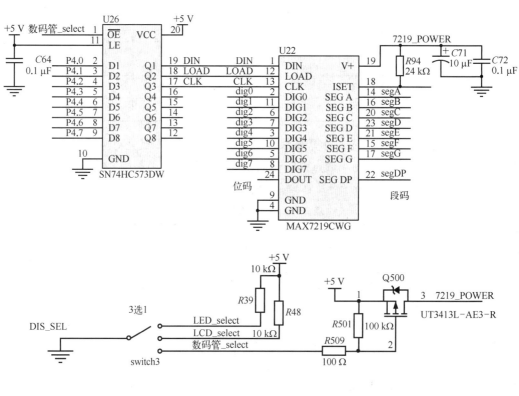

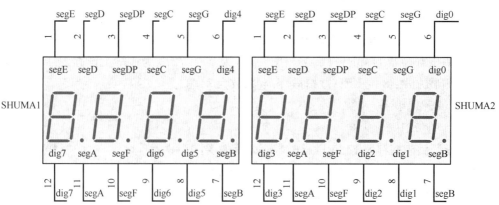

图 2.1.6 数码管原理

LOAD 和 CLK 分别由 P4.0～P4.2 经锁存器 74HC573 后输出控制。锁存器的 $\overline{OE}$ 由一个 3 选 1 的短路块控制,在实验箱上,将短路块接到 DIS_SEL 的 SHUMA 处,就是将该 $\overline{OE}$ 接地。8 位数码管从左到右分别是 dig7～dig0。

5. 程序示例

在实验系统上,利用 8 位数码管,显示 1～8 的数字。

```
#define   DIN   BIT0                //数据输入引脚
#define   LOAD   BIT1               //LOAD 引脚
#define   CLK   BIT2                //串行时钟引脚
#define   Decode_Mode   0x09        //译码方式命令
#define   Intensity   0x0A          //亮度控制命令
#define   Scan_Limit   0x0B         //扫描界限
#define   Shut_Down   0x0C          //关闭
#define   Display_Test   0x0F       //显示测试


//将命令、数据送入 7219 控制显示;cmd:命令,data:数据;
void Write7219(int cmd,int data)
{
    int i, temp;
    temp = (cmd << 8) | data;       // 拼合地址与数据成 16 位
    P4OUT &= ~CLK;                  // CLK 拉低
    P4OUT &= ~LOAD;                 // LOAD 拉低
    for(i=0; i<16; i++)             // 循环 16 次送出 16 位数据
    {
        P4OUT &= ~CLK;              // CLK 拉低
        P4OUT = (DIN &(temp >>(15 - i)));   // DIN 送出相应位数据,保持
                                            //    CLK 和 LOAD 为 0
        P4OUT |= CLK;              // CLK 拉高
    }
    P4OUT |= LOAD;                  // LOAD 拉高
    P4OUT &= ~CLK;                  // CLK 拉低
}


//7219 初始化设置
void LED_Init()
{
    Write7219(Shut_Down, 0x01);    // 非关闭模式
```

```
    Write7219(Display_Test,0x00);        // 非测试模式
    Write7219(Decode_Mode,0xFF);         // 全译码
    Write7219(Intensity,0x07);           // 亮度
    Write7219(Scan_Limit,0x07);          // 扫描 8 位数码管
}


void main()
{
    int i;
    CPU_Clock_Init();                    //CPU 时钟配置
    CPU_IO_Pin_Init();                   //CPU I/O 引脚配置
    LED_Init ();                         //数码管控制器 7219 初始配置
    for(i=0;i<8;i++)
    {
        Write7219(i+1,8-i);             //数码管依次显示 1~8
    }
    while(1)
    {
        Write7219(Shut_Down,1);
        for(i=0;i<100;i++);             // 数码管闪烁控制,防止一直点亮而使数码管发热
                                           严重
        Write7219(Shut_Down,0);
        for(i=0; i<100; i++);
    }
}
```

6. 实训任务 2－2

1）操作条件

（1）仪器设备：实验箱 1 套,示波器 1 台,常用工具 1 套,仿真器 1 套。

（2）图纸资料：电路图 1 份。

2）操作内容

在实验系统上,利用 8 位数码管,显示圆周率 π(3.141 592 7)。

（1）根据电路图,写出本题使用的芯片名称。

（2）画出程序流程框图。

（3）完成程序设计。

（4）调试程序,测试 CLK(P4.2)和 DIN(P4.0)信号,记录波形,并验证数据。

3）操作要求

（1）正确画流程框图、完成程序设计。

（2）正确进行软硬件调试，测试信号波形。

2.1.3　点阵液晶控制

1. 点阵液晶原理

液晶显示器的原理是利用液晶的物理特性，通电时导通，排列变得有秩序，使光线容易通过；不通电时排列混乱，阻止光线通过。通过和不通过的组合就可以在屏幕上显示出图像来。通俗地说，液晶显示器就是两块玻璃中间夹了一层（或多层）液晶材料，液晶材料在信号控制下改变自己的通透光状态，于是就能在玻璃面板上看到图像了。

2. DM240128

DM240128 是一款 240×128（宽×高）的点阵液晶，背景为蓝色，显示点阵为白色，与单片机的数据接口为 8 位并行口，控制器使用 T6963C，不带中文字库，外部引脚 20 根，具体说明如表 2.1.9 所示。

表 2.1.9　DM240128 引脚说明

管　脚	名　　称	功　　能
1	BL+	背光电源正极（+5 V）
2	BL-	背光电源负极（接地）
3	FG	构造地
4	V_{SS}	电源地
5	V_{CC}	电源正极（+5 V）
6	V_{EE}	LCD 对比度驱动电源，可接电位器调节
7	$\overline{WR}$	写信号，低电平有效，读时置 1
8	$\overline{RD}$	读信号，低电平有效，写时置 1
9	$\overline{CE}$	片选，低电平有效
10	C/$\overline{D}$	命令/数据选择，1 表示命令，0 表示数据
11	$\overline{RST}$	控制器复位端
12～19	DB0～DB7	8 位数据线
20	FS	英文符号字体选择，1 表示 6×8，0 表示 8×8

一般 LCD 模块控制器都是通过 MCU 对 LCD 模块的内部寄存器、显存进行操作来最终完成的，其中写寄存器函数、数据读函数以及数据写函数需要严格按照 LCD 控制器所要求的时序来编写。图 2.1.7 和图 2.1.8 分别是 DM240128 液晶的写时序和读时序。

写指令或写数据时，如图 2.1.7 所示，写指令字需将 C/$\overline{D}$ 拉高，代表进入命令字节传输操作；传输数据时，需将 C/$\overline{D}$ 拉低，代表进入数据传输操作。将 $\overline{CE}$ 拉低有效，$\overline{RD}$ 拉高，

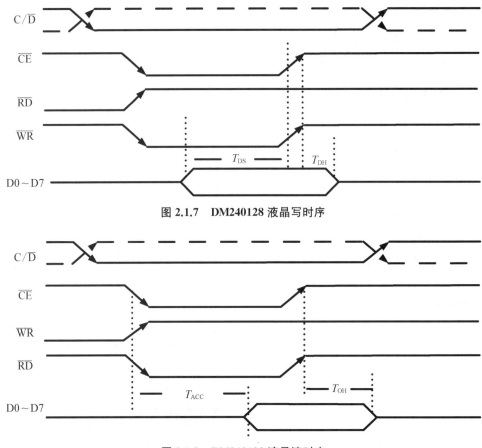

图 2.1.7　DM240128 液晶写时序

图 2.1.8　DM240128 液晶读时序

且$\overline{WR}$拉低,然后才能从 D0～D7 输出 8 位数据。待数据稳定后,将$\overline{CE}$和$\overline{WR}$拉高置为无效。其中,T_{DS}为数据建立时间,>80 ns,T_{DH}为数据保持时间,>40 ns。而对于系统 8 MHz 晶振,机器周期为 4 分频,$(4/8\ \mathrm{MHz})=0.5\ \mu s=500$ ns,满足上述时间要求,故程序中无需再加延时控制。

读数据时,如图 2.1.8 所示,需将 C/$\overline{D}$拉低;接着,将 CE 拉低有效,$\overline{WR}$拉高,$\overline{RD}$拉低,然后可从 D0～D7 读入 8 位数据;最后将$\overline{CE}$和$\overline{RD}$拉高置为无效。时序上涉及的取数时间($T_{ACC}<150$ ns)和输出保持时间(T_{OH}为 10～50 ns)均小于系统机器周期。

对 DM240128 液晶的控制显示,主要通过指令和数据的发送来实现,具体控制指令如表 2.1.10 所示。

表 2.1.10　控制显示指令

指　令	指令码	数据 1	数据 2	功　　能
寄存器设置	0010 0001	X 地址	Y 地址	设置光标指针
	0010 0010	偏移地址数据	0x00	设置 CGRAM 偏移地址
	0010 0100	地址低 8 位	地址高 8 位	设置地址指针

（续表）

指　令	指令码	数据 1	数据 2	功　　能
设置控制字	0100 0000	地址低 8 位	地址高 8 位	设置文本区起始地址
	0100 0001	列数	0x00	设置文字区域列数
	0100 0010	地址低 8 位	地址高 8 位	设置图形区起始地址
	0100 0011	列数	0x00	设置图形区域列数
模式设置	1000 x000	—	—	逻辑"或"模式
	1000 x001	—	—	逻辑"异或"模式
	1000 x011	—	—	逻辑"与"模式
	1000 x100	—	—	文本特性模式
	1000 0xxx	—	—	内部 CG ROM 存储模式
	1000 1xxx	—	—	外部 CG RAM 存储模式
显示模式	1001 0000	—	—	关闭显示
	1001 xx10	备注： Bit0 为光标闪烁显示开关 Bit1 为光标显示开关 Bit2 为文本显示开关 Bit3 为图形显示开关		光标开,闪烁关
	1001 xx11			光标开,闪烁开
	1001 01xx			文字开,图形关
	1001 10xx			文字关,图形开
	1001 11xx			文字开,图形开
光标模式选择	1010 0000	—	—	1 行光标(光标占的行数)
	1010 0001	—	—	2 行光标
	1010 0010	—	—	3 行光标
	1010 0011	—	—	4 行光标
	1010 0100	—	—	5 行光标
	1010 0101	—	—	6 行光标
	1010 0110	—	—	7 行光标
	1010 0111	—	—	8 行光标
数据自动读/写	1011 0000	—	—	数据自动写设置
	1011 0001	—	—	数据自动读设置
	1011 0010	—	—	数据自动读/写结束
数据读/写	1100 0000	数据	—	数据写,地址指针加 1
	1100 0001	—	—	数据读,地址指针加 1
	1100 0010	数据	—	数据写,地址指针减 1
	1100 0011	—	—	数据读,地址指针减 1

（续表）

指　令	指令码	数据1	数据2	功　　能
数据读/写	1100 0100	数据	—	数据写，地址指针不变
	1100 0101	—	—	数据读，地址指针不变
位操作	1111 0xxx	—	—	位清0
	1111 1xxx	—	—	位置1
	1111 x000	—	—	位0(最低位)
	1111 x001	—	—	位1
	1111 x010	—	—	位2
	1111 x011	—	—	位3
	1111 x100	—	—	位4
	1111 x101	—	—	位5
	1111 x110	—	—	位6
	1111 x111	—	—	位7(最高位)

(1) 寄存器设置：光标指针决定了光标所在位置，其中X地址是字节列值(0～29)，Y地址是点阵行值(0～127)。偏移寄存器设置自定义字符的起始偏移地址，绘图模式下无需设置。地址指针为当前待写入文字或图形的字节地址，具体地址划分如图2.1.9所示。

	0列	1列	2列	……	28列	29列
0行	0	1	2	……	1C	1D
1行	1E	1F	20	……	3A	3B
2行	3C	3D	3E	……	58	59
⋮	⋮	⋮	⋮		⋮	⋮
15行	1C2	1C3	1C4	……	1DE	1DF
16行	1E0	1E1	1E2	……	1FC	1FD
⋮	⋮	⋮	⋮		⋮	⋮
126行	EC4	EC5	EC6	……	EE0	EE1
127行	EE2	EE3	EE4	……	EFE	EFF

图2.1.9　DM240128地址划分

（2）液晶点阵为 240×128，即 128 行 240 列，共 30 720 个像素点阵。每个像素点阵只有点亮与否两种状态，故仅需 1 位二进制可控制，则需 30 720 Bit，即 3 840 字节，而地址指针就是以字节为单位的地址。一行像素为 240 个，30 个字节，故一行地址有 30 个，从第 0 行到第 127 行，共有地址 30×128 个。地址从左上角（为 0）开始，按先行后列的方式顺序排列。

（3）对于一个汉字来说，至少需要 16×16 点阵，即 32 字节（2 字节列×16 行），如图 2.1.9 中虚线框所示。DM240128 共可显示汉字 15×8 个。只要保证汉字能放得下，其起始地址（左上角）可以从任意一个字节地址开始，但不能是任意一个点阵。

（4）设置控制字：设置文本和图形区域的起始地址及列数，从而划分文本和图形的显示区。其中文本主要指系统内部自带的字符字库（128 个，字母数字和部分符号），由于系统不带中文字库，故汉字的显示需采用图形模式。

（5）模式设置：逻辑"或""异或""与"模式设置，是指文本模式和图形模式同时开时，对于同一个像素点都有操作时，该像素点的显示模式，模式选择为或模式，即文本与图形以逻辑"或"的关系合成显示。文字属性模式是指设定当前为文字模式，在该模式下，光标、闪烁等控制才有效。内部存储模式为使用内部自带的字符点阵，外部存储模式为自定义的字符，可将其点阵存入液晶的外部 RAM，直接调用，而无需像画图那样每次编辑点阵。

（6）显示模式：包括关闭显示，光标、闪烁的开关，文本和图形的开关。

（7）光标模式选择：指显示的光标需占用点阵行数。

（8）数据自动读/写：是指每读写一个字节，则当前地址指针自动加 1。该命令发送后，进入自动模式，此时单片机不能发送其他命令，直到所有数据操作完毕后，才能发送关闭自动命令。

（9）数据读/写：为普通数据读写，数据指针通过这些指令进行加 1 或减 1，是在进行一个字节的读写后，必须操作的。

（10）位操作：是指对当前地址指针对应字节的 8 个点中的某个进行点亮（位置 1）或清除（位清 0）操作，指令的 D2～D0 位指定操作位，D3 位指定置 1 或清 0。

3. 字模软件 PCtoLCD

由于 DM240128 液晶控制器本身不带有汉字字库，因此需要将汉字的点阵取出，用画图方式将所有点阵画出。通过字模软件 PCtoLCD 可实现取模，其界面如图 2.1.10 所示。

单击 键对取模软件进行设置，如图 2.1.11 所示，选项对软件的取模方式进行了说明，设置采用原先默认的选项。汉字点阵选用 16×16，这是显示一个汉字所需的最小点阵数。

待取模的汉字输入图 2.1.12 中画框位置，然后点击"生成字模"，即可在下面文本框中得到点阵码。图中为"上海"的取模结果，汉字字体可以选择切换，部分字体点阵会大于 16×16。

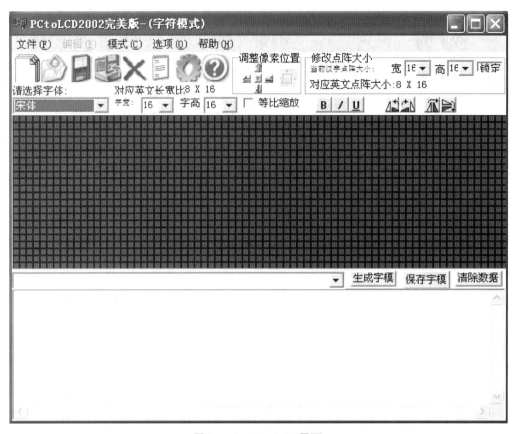

图 2.1.10　PCtoLCD 界面

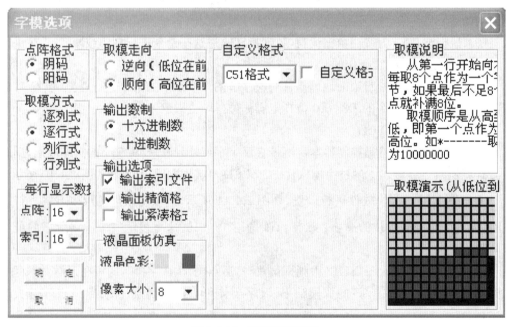

图 2.1.11　字模选项界面

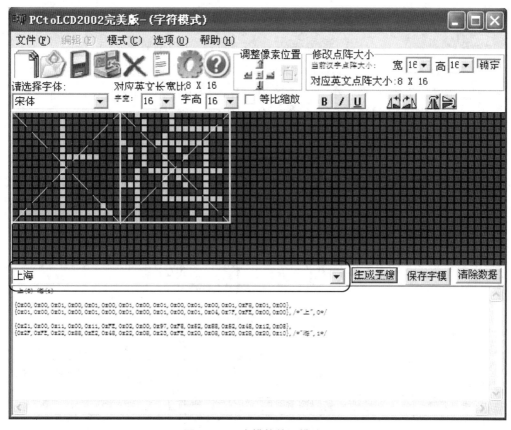

图 2.1.12　字模软件取模结果

4. 液晶显示汉字步骤

1) 初始化液晶

(1) 设置绘图区首地址(汉字需采用绘图模式),绘图区总列数。

(2) 设置显示模式(文字关,图形开),并设置外部 CGRAM 逻辑或模式。

(3) 清屏:将地址指针设为 0,再设置为数据自动写,给所有的字节地址全部写入 0,最后关闭自动模式。

这里需要强调的一点是,给液晶设置命令时,尤其是带数据的命令,其发送格式为:数据 1、数据 2、命令。

2) 命令或数据的读写

(1) 控制 C/$\overline{\text{D}}$ 引脚:若发送命令,C/$\overline{\text{D}}$ 拉高;发送数据,则 C/$\overline{\text{D}}$ 拉低。

(2) 控制 $\overline{\text{CE}}$ 引脚:拉低。

(3) 控制读/写信号:若为写操作,则 $\overline{\text{RD}}$ 拉高,$\overline{\text{WR}}$ 拉低;若为读操作,则 $\overline{\text{WR}}$ 拉高,$\overline{\text{RD}}$ 拉低。

(4) 数据输入/输出:D0~D7 读入数据,或输出命令/数据。

(5) 关闭相关信号:$\overline{\text{RD}}/\overline{\text{WR}}$ 拉高置无效,$\overline{\text{CE}}$ 拉高置无效。

3）写单个汉字

（1）计算该汉字存放的字节首地址。

（2）设置循环 16 次，对应 1 个汉字的 16 行，每行写 2 个字节。

（3）每行的具体控制方式为：设置地址指针为当前行的汉字首地址，写入第一个字节点阵；地址指针加 1 命令，写入第二个字节点阵；地址指针不变命令。

由于汉字点阵取模时按该顺序进行的，故只需直接按序调用点阵码即可。

5. 系统原理

图 2.1.13 显示出本系统中的液晶部分原理。图中液晶的背光电源连接的是 3.3 V；对比度调节引脚 VO 悬空，此时对比度达到最大，且不可调节；$\overline{RST}$ 引脚与单片机的 $\overline{RST}$ 连接，与单片机同时复位；控制信号 $C/\overline{D}$、$\overline{CE}$、$\overline{RD}$ 和 $\overline{WR}$ 由 P3.4～P3.7 引脚控制；数据线

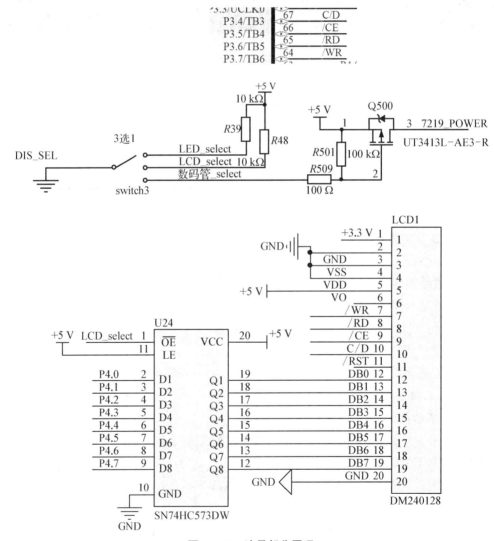

图 2.1.13　液晶部分原理

DB0~DB7 由 P4 口经 74HC573 锁存器控制,锁存器的$\overline{OE}$由一个 3 选 1 的短路块控制,在实验箱上,将短路块接到 DIS_SEL 的 LCD 处,就是将该$\overline{OE}$接地。

6. 程序示例

在实验系统上,利用 LCD 液晶显示屏,在第三行居中显示"上海"两个字。

```
//液晶屏分辨率:240×128
#define     P3_7_WR     0x80
#define     P3_6_RD     0x40
#define     P3_5_CS     0x20
#define     P3_4_CD     0x10
#define     CGRAM_OR_MODE     0x88
#define     TextOFF_GraphON     0x98
#define     Data_Write_Inc     0xc0
#define     Data_Write_Dec     0xc2
#define     Data_Write_Non     0xc4
#define     Data_Auto_Write     0xb0
#define     Data_Auto_Reset     0xb2
#define     Cursor_Lines_Num     0xa0
#define     HOME_ADDR_CMD     0x40
#define     HOME_AREAR_CMD     0x41
#define     GPRAPH_ADDR_CMD     0x42
#define     GPRAPH_AREAR_CMD     0x43
#define     Cursor_Point_Cmd     0x21
#define     Offset_Reg_Cmd     0x22
#define     Addr_Point_Cmd     0x24


unsigned char ChineseBuff[][32]     // 汉字点阵码
={
{0x01,0x00,0x01,0x00,0x01,0x00,0x01,0x00,0x01,0x10,0x01,0xF8,0x01,0x00,
  0x01,0x00,0x01,0x00,0x01,0x00,0x01,0x00,0x01,0x00,0x01,0x00,0x01,0x04,
  0xFF,0xFE,0x00,0x00},//上
{0x02,0x00,0x42,0x08,0x33,0xFC,0x14,0x00,0x8B,0xF8,0x62,0x88,0x22,0x48,
  0x0A,0x08,0x1F,0xFE,0x24,0x88,0xE4,0x48,0x24,0x08,0x27,0xFC,0x20,0x08,
  0x20,0x28,0x20,0x10}//海
};


//发送命令,P3_7_WR = L,P3_6_RD=H,P3_5_CS = L,P3_4_CD = H
```

```
void send_cmd(unsigned char cmd_tmp)
{
    int j;
    P3OUT |= P3_4_CD;    //cmd
    P3OUT |= P3_6_RD;
    P3OUT &= ~P3_5_CS;
    P3OUT &= ~P3_7_WR;
    P4OUT = cmd_tmp;
    P3OUT |= P3_7_WR;
    P3OUT |= P3_5_CS;
    for(j=0; j<10; j++);    //等待液晶模块内部处理完成
}


// 发送数据
void send_data(unsigned char data_tmp)
{
    int j;
    P3OUT &= ~P3_4_CD;    //data
    P3OUT |= P3_6_RD;
    P3OUT &= ~P3_5_CS;
    P3OUT &= ~P3_7_WR;
    P4OUT = data_tmp;
    P3OUT |= P3_7_WR;
    P3OUT |= P3_5_CS;
    for(j=0; j<10; j++);    //等待液晶模块内部处理完成
}


// 配置寄存器
void set_Addr_Cmd(unsigned char l_addr, unsigned char h_addr, unsigned char cmd)
{
    send_data(l_addr);
    send_data(h_addr);
    send_cmd(cmd);
}


//写汉字,x_num 为汉字所在列数(1～15),y_num 为汉字所在行数(1～8),一屏显示
```

15×8 个汉字

```
void Write_Chinese(unsigned char x_num, unsigned char y_num, unsigned char data_
  byte[32])
{
    unsigned int add_init, add_tmp, i;
    if(x_num>15) x_num = 15; else if(x_num<1) x_num=1;
    if(y_num>8) y_num = 8 ; else if(y_num<1) y_num=1;
    add_init = 480 * (y_num-1)+(x_num-1) * 2;// 一行汉字 480 个地址,一个汉字
                                                    2 列地址
    for(i=0;i<32;i+=2)      // 16 行,循环 16 次
    {
        add_tmp= add_init+30 * (i/2);     // 切换到下一行
        set_Addr_Cmd((unsigned char)add_tmp,(unsigned char)(add_tmp>>8),
    Addr_Point_Cmd);     // 设置地址指针
        send_data(data_byte[i]);
        send_cmd(Data_Write_Inc);
        send_data(data_byte[i+1]);
        send_cmd(Data_Write_Non);
    }
}
```


```
//清屏,label -刷屏的参数值标志,为 0 时清屏,为 1 时整屏全点亮
void Clear_Screen(unsigned char label)
{
    set_Addr_Cmd(0x00,0x00,Addr_Point_Cmd);//设置液晶指针地址位置
    send_cmd(Data_Auto_Write);
    for(unsigned int i=0;i<3840;i++)   // 3840(30×128)
        send_data(label);     // 对每个像素点逐一写"0",即擦除
    send_cmd(Data_Auto_Reset);
}
```


```
// 液晶显示初始化
void LCD_Init(void)
{
    set_Addr_Cmd(0x00,0x00,GPRAPH_ADDR_CMD);     // 绘图区的首地址
    set_Addr_Cmd(0x1e,0x00,GPRAPH_AREAR_CMD);     // 绘图区的总列数
```

```
    send_cmd(TextOFF_GraphON);   // 设置液晶显示模式(文本关闭,绘图开启)
    send_cmd(CGRAM_OR_MODE);    // 设置外部 CGRAM 或模式
    Clear_Screen(0);            // 清屏
}

void main(void)
{
    CPU_Clock_Init();  // CPU 时钟初始化
    CPU_IO_Pin_Init();  // CPU I/O 端口初始化
    LCD_Init();  // LCD 初始化
    Write_Chinese(7, 3, ChineseBuff[0]);  //上
    Write_Chinese(8, 3, ChineseBuff[1]);  //海
    while(1);
}
```

7. 实训任务 2-3

1) 操作条件

(1) 仪器设备：实验箱 1 套,示波器 1 台,常用工具 1 套,仿真器 1 套。

(2) 图纸资料：电路图 1 份。

2) 操作内容

在实验系统上,利用 LCD 液晶显示屏,全屏居中显示"医用电子仪器修理工"。

(1) 根据电路图,写出本题使用的芯片名称。

(2) 画出程序流程框图。

(3) 完成程序设计。

(4) 调试程序,采用单次触发方式测试初始化时信号 C/$\overline{\text{D}}$(P3.4)和$\overline{\text{WR}}$(P3.7)的控制时序关系,记录波形。

3) 操作要求

(1) 正确画流程框图、完成程序设计。

(2) 正确进行软硬件调试,测试信号波形。

项目 2.2 键 盘 输 入

2.2.1 矩阵键盘扫描控制

1. 键盘工作原理

按键平时总是处于断开状态,当按下时才闭合,松开后又处于断开状态。当按键断开时,根据图 2.2.1 可以看出,在 P1.1 端口可以读到高电平;当按键闭合时,P1.1 可以读到低电平;所以,根据 P1.1 读到的电平高低,可以判别按键是否按下。

在按键按下和松开的过程中,由于按键弹簧片的抖动,造成 P1.1 端口读到的信号在高低电平间来回跳动,这个现象称为按键抖动,抖动的时间一般不超过 10 ms,如图 2.2.2 所示。按键抖动是机械按键必然存在的,由于在抖动过程中,P1.1 能检测到多次低电平信号,会让程序误判为按键按下多次,故一般情况下都需要消除键抖动。消除键抖动的方法有两种:硬件消抖和软件消抖。常用的软件消抖一般采用延时方法,检测到按键信号后延时 10 ms,以避开抖动区间,再次判断按键信号。

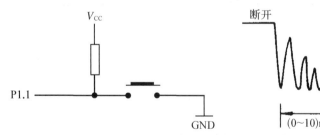

图 2.2.1 常用单个按键电路原理

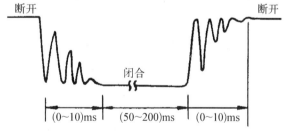

图 2.2.2 按键抖动

多个按键的组合称为键盘。根据工作原理,键盘可以分为编码式键盘和非编码式键盘。非编码式键盘根据与主机连接方式的不同,又可以分为独立式键盘和矩阵式键盘。独立式键盘结构简单,一键一线,即每个按键都单独占用一根 I/O 线,如同图 2.2.1 中按键一样;这样的连接方式优点是结构简单,控制方便,缺点是占用的 I/O 线较多,不利于组成大型键盘。矩阵式键盘又称行列式键盘,由行线和列线组成,按键位于行线和列线的交叉点上;按键按下,则将该按键连接的行线和列线接通。$m \times n$ 的矩阵键盘有 $m \times n$ 个按键,占用 I/O 线 $m + n$ 根。常用的矩阵键盘的扫描方法有行列扫描法和线路反转法。

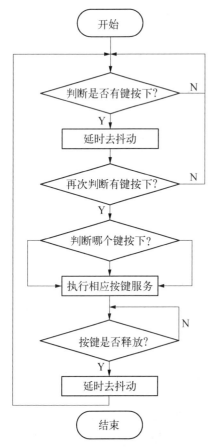

图 2.2.3 键盘扫描工作流程

2. 键盘扫描流程

键盘扫描的工作流程如图 2.2.3 所示，主要由四大块组成：判断是否有键按下，判断哪个键按下，执行按键服务，等待按键释放。

行列扫描法具体步骤如下：

1）判断是否有键按下

（1）给所有行线送 0，读入列线。

（2）判断读到的列线值是否全 1，是则说明没有键按下。

2）判断哪个键按下

（1）设定循环，循环次数为行线数目，即每次循环扫描一行。

（2）给当前行（从第一行开始）送 0，其余行送 1，读列值。

（3）根据列值是否全 1 判断该行是否有键按下；若是全 1 则不在该行，继续循环扫描下一行；若非全 1，则按键在该行，再根据列值中 0 所在的位置确定在哪一列。

（4）找到按键的行和列，再计算出按键键值；键值可用行号和列号拼接而成（具体可参考程序示例）。

3）执行相应按键服务

根据不同的按键键值，可用 switch case 语句判断不同键值，从而进行相应的按键服务。

4）等待按键释放

（1）给所有行线送 0，读入列线。

（2）判断读到的列线值是否全 1，是则说明按键释放。

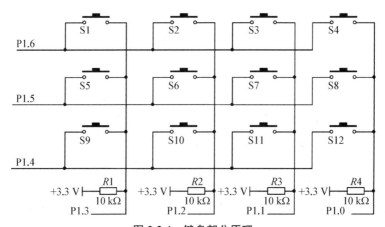

图 2.2.4 键盘部分原理

3. 系统原理

图 2.2.4 显示出实验系统中键盘部分原理。键盘由 12 个按键组成,3 根行线由 P1.4~P1.6 控制,4 根列线由 P1.0~P1.3 控制。图 2.2.5 显示出发光二极管部分原理,注意将实验箱上的短路块接到 DIS_SEL 的 LED 处。

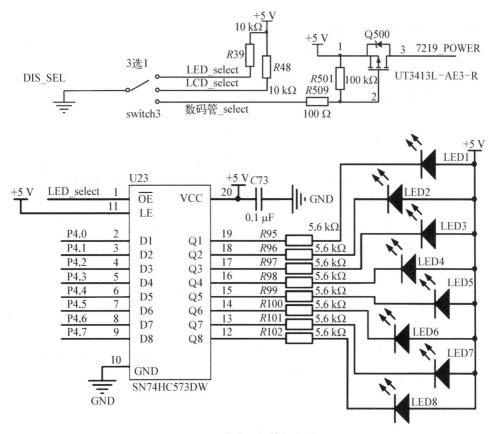

图 2.2.5 发光二极管部分原理

4. 程序示例

下面给出了 ms 级的延时函数以及按键扫描得出键值的函数,请先根据函数写出图 2.2.4 中 S1~S12 对应的按键键值。

```
#define uchar    unsigned char
#define uint     unsigned int


// 延时 x 毫秒的函数,x:延时的毫秒数
void Delay_ms(uint x)
{
    int i;
    while(x——)
```

```
    {
        for(i=0;i<1150;i++);    // 1ms
    }
}


// 按键扫描函数,返回值:按键键值
uchar Key_Scan()
{
    uchar row = 0, col;                      // 用来组成键值的行值和列值
    int i;
    P1OUT &= 0x8F;                           // P1.4~P1.6 输出 0
    col = P1IN & 0x0F;                       // 读列值(P1.0~P1.3)
    if (col ! = 0x0F)                        // 判断列值是否全 1,即判断是否有键按下
    {
        Delay_ms(10);                        // 有键按下,延时去抖动
        P1OUT &= 0x8F;                       // 隔了 10 ms 后再判断一次
        col = P1IN & 0x0F;
        if (col ! = 0x0F)                    // 真的有键按下
        {
            P1OUT = 0xFF;                    // 所有行线拉高
            row = 0x40;                      // 行值的初值,此时对于 P1.6 所在行
            for (i=0; i<3; i++)              // 3 行
            {
                P1OUT &= (~row);    // 当前行送 0
                col = P1IN & 0x0F;  // 读列值
                if (col ! = 0x0F) break;// 列值不全 1,说明找到按键,跳出循环
                row>>= 1;           // 列值全 1,不在该行,右移行值,去看下一行
            }
            Delay_ms(10);
        }
    }
    P1OUT = 0xff;  // 关闭按键
    return (row | ((~col)& 0x0F));   // 返回键值,键值 = 行值|(~列值),如 S1 键
                                      为 0x48

}
```

5. 实训任务 2 - 4

1) 操作条件

(1) 仪器设备：实验箱 1 套,示波器 1 台,常用工具 1 套,仿真器 1 套。

(2) 图纸资料：电路图 1 份。

2) 操作内容

在实验系统上,利用矩阵按键控制发光二极管。S1～S8：分别点亮对应的发光二极管 LED1～LED8,仅点亮对应的 LED;S9：LED1、3、5、7 点亮,LED2、4、6、8 熄灭;S10：LED2、4、6、8 点亮,LED1、3、5、7 熄灭;S11：LED1～LED8 全亮;S12：LED1～LED8 全灭。

(1) 根据电路图,写出本题使用的芯片名称。

(2) 画出程序流程框图。

(3) 完成程序设计。

(4) 调试程序,测试某一根行线(P1.4～P1.6),计算没有按键按下时的键扫描周期;记录波形。

3) 操作要求

(1) 正确画流程框图、完成程序设计。

(2) 正确进行软硬件调试,测试信号波形。

2.2.2 心电信号导联选择

1. 系统原理

图 2.2.6 显示的是实验系统上心电信号导联选择部分原理。系统中用了两个 8 选 1 的多路开关 HEF4051,8 路信号从 X0～X7 端输入,由 CBA 选择其中的某一路从 X 端输出;两片 4051 的 CBA 由相同的 3 个 I/O 端口 P5.3～P5.5 控制;两个输出经仪表放大器差分放大输出,INA128 的输出即所选的心电导联信号。具体 CBA 与输出导联的关系如表 2.2.1 所示,可根据该表控制选择所需导联,其中 J4 需短接 2-3 两脚,即实验系统上 J4 下方的两脚短接。图 2.2.7 显示数码管部分原理,在实验箱上,将短路块接到 DIS_SEL 的 SHUMA 处。

2. 实训任务 2 - 5

1) 操作条件

(1) 仪器设备：实验箱 1 套,示波器 1 台,常用工具 1 套,仿真器 1 套。

(2) 图纸资料：电路图 1 份。

2) 操作内容

在实验系统上,利用矩阵按键选择导联,同时在数码管上显示当前导联;S1～S7 分别对应选择表 2.2.1 中的 I 导联 - V1 导联;数码管高 4 位不显示,低 4 位显示内容为"ECGx",x 的值为 1～7,对应 I 导联 - V1 导联,其中"G"在数码管上可显示为⌠。

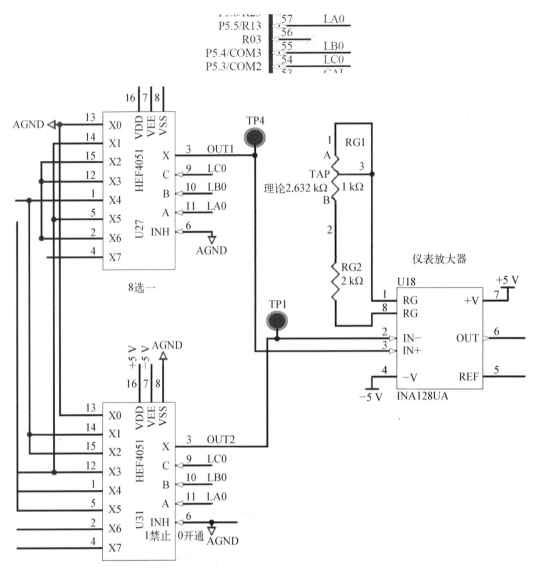

图 2.2.6　心电信号导联选择原理

表 2.2.1　导联选择控制

CBA	IN+	IN−	导　联	导联类型
000	AGND	AGND	模拟地	
001	L(左臂)	R(右臂)	I	
010	F(左腿)	R(右臂)	II	标准肢体导联
011	F(左腿)	L(左臂)	III	

（续表）

CBA	IN＋	IN−	导　联	导联类型
100	R（右臂）	L＋F	aVR	加压肢体导联
101	L（左臂）	R＋F	aVL	
110	F（左腿）	R＋L	aVF	
111	V1	威尔逊中心点	V1	胸导联

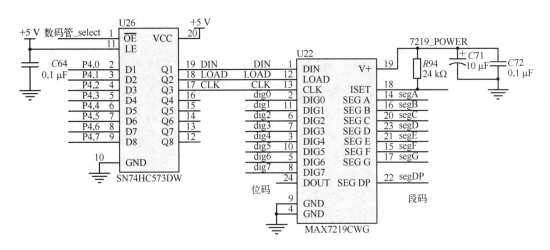

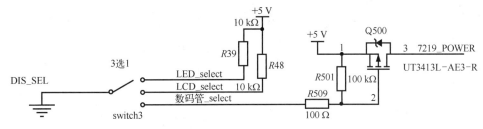

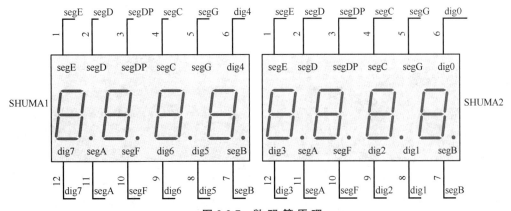

图 2.2.7　数码管原理

（1）根据电路图,写出本题使用的芯片名称。

（2）画出程序流程框图。

（3）完成程序设计。

（4）调试程序,测试所选的导联信号(TP9),画出 II 导联的波形。

3）操作要求

（1）正确画出流程框图、完成程序设计。

（2）正确进行软硬件调试,测试信号波形。

项目 2.3 定 时 器 控 制

1. 定时器/计数器概述

MSP430F449 片内有看门狗定时器（Watchdog Timer）、基本定时器（Basic Timer）、定时器 A(Timer A)和定时器 B(Timer B)，可实现定时、计数、延迟及检测等功能。

看门狗定时器是一种程序监视技术，可以在系统受到干扰程序跑飞或陷入死循环的情况下，自动复位，脱离死循环状态。

基本定时器内部有两个 8 位的计数器，也可以级联成一个 16 位的计数器，功能比较简单。

定时器 A 和定时器 B 功能更为强大，都有 4 种工作模式，时钟源可选，可产生 PWM（脉冲调制波）输出。此外，定时器 A 是 16 位的异步定时器，有 3 个可编程捕获/比较寄存器；定时器 B 计数长度可选（8 位、10 位、12 位、16 位），有 7 个可编程捕获/比较寄存器，比定时器 A 更为灵活。本项目以定时器 A 为对象进行介绍和操作。

2. 定时器 A 相关寄存器

定时器 A 相关寄存器如表 2.3.1 所示。

表 2.3.1 定时器 A 相关寄存器

寄 存 器	缩 写	类 型	地 址	复位值
计数器	TAR	读/写	0x0170	0x0000
控制寄存器	TACTL	读/写	0x0160	0x0000
捕获/比较寄存器 0	TACCR0	读/写	0x0172	0x0000
捕获/比较寄存器 1	TACCR1	读/写	0x0174	0x0000
捕获/比较寄存器 2	TACCR2	读/写	0x0176	0x0000
捕获/比较控制寄存器 0	TACCTL0	读/写	0x0162	0x0000
捕获/比较控制寄存器 1	TACCTL1	读/写	0x0164	0x0000
捕获/比较控制寄存器 2	TACCTL2	读/写	0x0166	0x0000
向量寄存器	TAIV	只读	0x012E	0x0000

1) TAR：计数器

TAR 是定时器 A 的 16 位计数器，计数范围 0～65 535，可以直接读写。

2）TACTL：控制寄存器，复位值 0x0000

15～10	9	8	7	6	5	4	3	2	1	0
—	TASSELx		IDx		MCx		—	TACLR	TAIE	TAIFG

TASSELx：定时器时钟源选择；00 表示外部引脚 TACLK；01 表示 ACLK；10 表示 MCLK；11 表示外部输入时钟 TACLK 取反 INCLK。

IDx：时钟分频系数选择；00 表示不分频；01 表示 2 分频；10 表示 4 分频；11 表示 8 分频。

由 TASSELx 两位时钟选择源，然后再由 IDx 选择分频系数将输入信号分频，分频后的信号才用于计数器计数。

MCx：计数模式选择位；00 表示停止模式；01 表示增计数模式；10 表示连续计数模式；11 表示增/减计数模式。

TACLR：定时器清除位；1 表示 TAR 清零，IDx 清零，MCx 为 01 增计数模式。

TAIE：定时器溢出中断允许位；0 表示禁止中断；1 表示允许中断。

TAIFG：定时器溢出标志位；1 表示溢出；增计数模式下，TAR 由 TACCR0 的值返回 0 时置位；连续计数模式下，TAR 由 0xFFFF 返回 0 时置位；增减计数模式下，TAR 递减到 0 时置位。

3）TACCRx：捕获/比较寄存器，x 为 0～2

可作比较器，也可作捕获器，可读可写。

捕获：在外部信号的触发下（如上升沿或下降沿），读取当前的计数器 TAR，存入该 TACCRx；当要测量高电平的脉冲长度，可定义上升沿和下降沿均捕获，分别在上升沿和下降沿获得两个定时器数据，两次捕获的定时器数据差就是高电平的脉冲宽度。

比较：把当前计数器 TAR 的值与该 TACCRx 进行比较，相同时可输出相应的电平信号，可用来输出一定频率和脉宽的脉冲波；TACCR0 经常用作周期寄存器。

4）TACCTLx：捕获/比较控制寄存器，x 为 0～2，对应 TACCRx

15～14	13～12	11	10	9	8
CMx	CCISx	SCS	SCCI	—	CAP

7～5	4	3	2	1	0
OUTMODx	CCIE	CCI	OUT	COV	CCIFG

CMx：选择捕获模式；00 表示禁止捕获；01 表示上升沿捕获；10 表示下降沿捕获；11 表示上升沿与下降沿都捕获。

CCISx：捕获/比较输入信号源选择位；00 表示 CCIxA，即引脚 TAx；01 表示 CCI0B，即引脚 P1.1/TA0；10 表示 GND，即产生下降沿引起触发；11 表示 VCC，即产生上升沿引起触发。

SCS：同步捕获输入信号源和定时器 A 的时钟；0 表示异步捕获，捕获周期远大于定时器周期时使用；1 表示同步捕获，推荐使用，可同步捕获事件和定时器的时钟信号，以免引起竞争。

SCCI：同步捕获比较输入位，只读，仅用于比较模式；比较到相等时，可由该位读出当前输入信号源。

CAP：模式选择位；0 表示比较模式；1 表示捕获模式。

OUTMODx：输出控制位；具体模式如表 2.3.2 所示。

表 2.3.2 输 出 模 式

OTUMODx	模式名称	说　明
000	输　出	输出信号由 TACCTLx 中的 OUT 位决定。
001	置　位	输出信号在 TAR 等于 TACCRx 时置位，并保持高电平到定时器复位或选择另一种输出模式为止，x 为 0～2。
010	翻转/复位	输出在 TAR 的值等于 TACCRx 时翻转，当 TAR 的值等于 TACCR0 时复位，x 为 1～2。
011	置位/复位	输出在 TAR 的值等于 TACCRx 时置位，当 TAR 的值等于 TACCR0 时复位，x 为 1～2。
100	翻　转	输出电平在 TAR 的值等于 TACCRx 时翻转，x 为 0～2。
101	复　位	输出在 TAR 的值等于 TACCRx 时复位，并保持低电平直到选择另一种输出模式，x 为 0～2。
110	翻转/置位	输出在 TAR 的值等于 TACCRx 时翻转，当 TAR 值等于 TACCR0 时置位，x 为 1～2。
111	复位/置位	输出在 TAR 的值等于 TACCRx 时复位，当 TAR 的值等于 TACCR0 时置位，x 为 1～2。

CCIE：捕获/比较中断使能位；0 表示禁止中断；1 表示使能中断。

CCI：捕获比较输入位，只读；捕获模式，读取所选的输入信号源；比较模式为 0。

OUT：OUTMODx 为 000 时决定的输出信号；0 表示输出低电平；1 表示输出高电平。

COV：捕获溢出标志位；比较模式下，为 0；捕获模式下，在捕获寄存器中的值读出之前再次发生捕获事件，则该位置 1，需软件清 0。

CCIFG：捕获比较中断标志位；捕获模式，TACCRx 捕获 TAR 时置 1；比较模式，TAR 等于 TACCRx 时置 1。

5）TAIV：向量寄存器，复位值 0x0000

15～4	3	2	1	0
—		中断向量特征值		0

中断向量特征值：000 表示无 TAIV 中断；001 表示捕获比较器 1，TACCIFG1；010 表示捕获比较器 2，TACCIFG2；101 表示定时器溢出，TAIFG；中断优先级依次降低。

3. 定时器 A 工作原理

1）定时器的启动与暂停

当输入时钟为激活状态时，只要 TACTL 中的 MCx 大于 0，则启动定时器。

若定时器工作模式为增计数模式或增减计数模式,通过将 TACCR0 设为 0,可以暂停定时器;再将 TACCR0 设为非 0 值,又可以启动定时器;此时计数器 TAR 从 0 开始增加。

2)定时器工作模式

(1)停止模式。

当 MCx＝00 时,定时器暂停;此时计数器停止计数,直到模式改变后,计数器才能重新计数。

(2)增计数模式。

当 MCx＝01 时,定时器为增计数模式;当计数器 TAR 达到 TACCR0 时,TACCTL0 中的 CCIFG 置 1;当下一个计数时钟到来时,TAR 变成 0,TACTL 中的 TAIFG 置 1,重新开始新一轮计数。具体变化示意如图 2.3.1 所示。

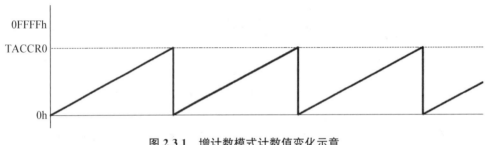

图 2.3.1　增计数模式计数值变化示意

(3)连续计数模式。

当 MCx＝10 时,定时器为连续计数模式。计数器从 0 开始计数,当达到 0xFFFF 后,下一个计数时钟到来后返回到 0,TACTL 中的 TAIFG 置 1,开始新一轮计数。此模式不占用 TACCR0,可将 TACCR0 设为比较功能,可实现等时间间隔的中断。具体变化示意如图 2.3.2 所示。

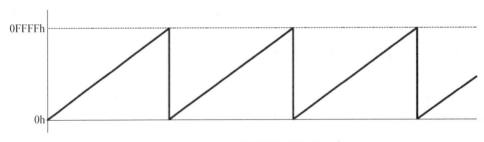

图 2.3.2　连续计数模式计数值变化示意

(4)增减计数模式。

当 MCx＝11 时,定时器为增减计数模式,常用于需要产生对称脉冲波形的场合。计数器 TAR 从 0 开始递增,当到达 TACCR0 时,TACCTL0 中的 CCIFG 置 1,TAR 开始递减;当减至 0 后,TACTL 中的 TAIFG 置 1,计数值又递增,如此循环。具体变化示意如图 2.3.3 所示。

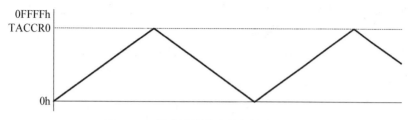

图 2.3.3　增减计数模式计数值变化示意

对于增计数模式和增减计数模式,如果定时器工作过程中,需要修改 TACCR0,建议先暂停定时器,然后再修改。

3) 输出单元

每个捕获比较模块都有一个对应的输出单元,记为 OUTx,对应单片机的 TA0～TA2 引脚。每个输出单元根据 OUTMODx 的设置,有 8 种输出波形。图 2.3.4 给出了增

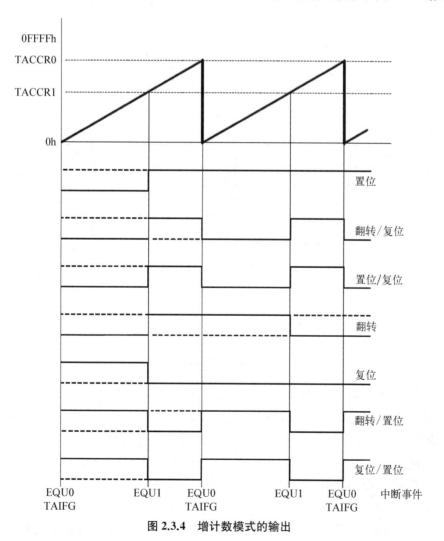

图 2.3.4　增计数模式的输出

计数模式下 OUT1 的 7 种输出波形,OUT0 在模式 2、3、6、7 没有输出。其中 TACCR0 作为周期寄存器,TACCR1 作为比较器。

图 2.3.5 给出了连续计数模式下 OUT1 的 7 种输出波形,其中 TACCR0 和 TACCR1 均作为比较器。

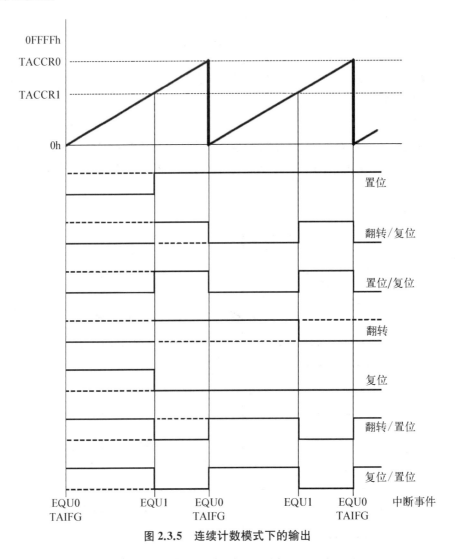

图 2.3.5　连续计数模式下的输出

利用定时器 A 的输出单元,可以方便地实现任意占空比的 PWM(Pulse Width Modulation,脉冲宽度调制)波形,即固定周期不定占空比的数字信号。占空比:高电平在一个周期之内所占的时间比率。

可利用 TACCR0 控制 PWM 的周期,另一个寄存器 TACCRx 控制占空比,如图 2.3.6 所示。只需改变 TACCR1 的值,即可改变占空比。

4. 定时器/计数器初始化过程

(1) 设置控制寄存器 TACTL 的清除位,使得 TAR 清零,同时分频系数也为 0。

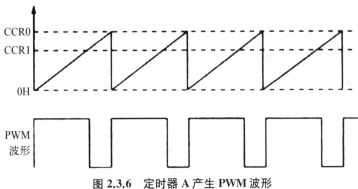

图 2.3.6　定时器 A 产生 PWM 波形

（2）再次设置控制寄存器 TACTL，包括选择时钟源、分频系数、工作模式，根据需要设置溢出中断（是指 TAR 变成 0 时是否产生中断）。

（3）设置相关的捕获比较控制寄存器 TACCTLx。

（4）设置相应的捕获比较寄存器 TACCRx。

（5）根据需要开中断。

5. 系统原理

图 2.3.7 显示发光二极管部分原理，注意将实验箱上的短路块接到 DIS_SEL 的 LED 处。

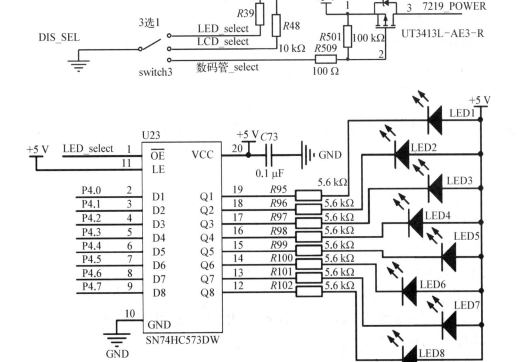

图 2.3.7　发光二极管部分原理

6. 程序示例

下面例程使用 ACLK(32 768 Hz)作为时钟源,利用定时器 A 由 P4.0 输出频率为 16 Hz 的方波,控制发光二极管 LED1 闪烁。

```
// 定时器初始化
void Init_TimerA()
{
    TACTL &= ~TACLR;              // 清 TAR
    TACTL = TASSEL_1|MC_2;        // 选择 ACLK,连续模式
    TACCTL0 = CCIE;               // 开比较中断
    TACCR0 = 1024;                //设置频率为(32 768/1 024)/2 = 16 Hz
    _EINT();                      // 开中断
}


void main()
{
    CPU_Clock_Init();            // 时钟初始化
    CPU_IO_Pin_Init();           // CPU I/O 端口初始化
    Init_TimerA();               // 定时器初始化

    while(1);
}


// 中断服务程序
#pragma vector=TIMERA0_VECTOR   // TACCR0 的中断向量
__interrupt void intTimerA0()
{
    TACCR0 += 1024;              // 间隔相同时间,即半个周期
    P4OUT ^= BIT0;              // P4.0 取反输出
}
```

7. 实训任务 2-6

1) 操作条件

(1) 仪器设备:实验箱 1 套,示波器 1 台,常用工具 1 套,仿真器 1 套。

(2) 图纸资料:电路图 1 份。

2) 操作内容

在实验系统上,利用定时器 A 选择时钟源 ACLK,产生频率为 16 Hz,占空比为 25%

的 PWM 脉冲波,由 P4.0 输出(若采用 OUTPUT 模式,可将 P1.2 与 P4.0 相连),控制发光二极管 LED1 闪烁。

(1) 根据电路图,写出本题使用的芯片名称。

(2) 画出程序流程框图。

(3) 完成程序设计。

(4) 调试程序,测试输出波形(P4.0)。

3) 操作要求

(1) 正确画流程框图、完成程序设计。

(2) 正确进行软硬件调试,测试输出波形。

项目 2.4 A/D 转 换

微处理器处理的是数字量,而现实世界中常见的量值为模拟量,因此,无论是信号进入微处理器还是微处理器的处理结果输出,都避免不了模拟量和数字量之间的相互转换。将模拟量转换为数字量称为模/数转换,简称 A/D 转换。

MSP430F449 内部包含一个 ADC12 模数转换模块,其特点如下:

(1) 支持 12 位转换精度,最高转换速度超过 200 ksps(kilo Samples per Second)。

(2) 参考电压可选择外部电压,或选择内部的 2.5 V/1.5 V 电压。

(3) 有 8 个外部信号输入通道,包括温度传感器在内的 4 个内部通道。

(4) 每个通道可独立的选择正或负极性的参考电源。

(5) 有 4 种转换模式:单通道单次转换,单通道多次,序列通道单次,序列通道多次。

(6) ADC 内核和参考电压源可根据需要关闭,以降低能耗。

(7) 16 个转换结果存储寄存器。

1. ADC12 相关寄存器

ADC12 相关寄存器如表 2.4.1 所示。

表 2.4.1 ADC12 相关寄存器

寄 存 器	缩 写	类型	地 址	复位值
控制寄存器 0	ADC12CTL0	读/写	0x01A0	0x0000
控制寄存器 1	ADC12CTL1	读/写	0x01A2	0x0000
转换结果存储寄存器 0~15	ADC12MEM0~15	读/写	0x0140~0x015E	不变
转换结果存储控制寄存器 0~15	ADC12MCTL0~15	读/写	0x80~0x8F	0x00
中断标志寄存器	ADC12IFG	读/写	0x01A4	0x0000
中断使能寄存器	ADC12IE	读/写	0x01A6	0x0000
中断矢量寄存器	ADC12IV	读	0x01A8	0x0000

1) ADC12CTL0:ADC12 控制寄存器 0

15~12	11~8	7	6	5
SHT1x	SHT0x	MSC	REF2_5	REFON

4	3	2	1	0
ADC12ON	ADC12OVIE	ADC12TOVIE	ENC	ADC12SC

ADC12CTL0 的 4～15 位只有在 ENC＝0（ADC12 为初始状态）时，才能进行修改。

SHT1x/SHT0x：采样保持时间选择位，分别设定了 ADC12MEM8～ADC12MEM15 和 ADC12MEM0～ADC12MEM7 作为保持转换结果的通道中采样保持时间，用 ADC12CLK 时钟的周期数衡量，如表 2.4.2 所示。采样保持时间是为了给保持电容充电，故要保证充电时间满足电容上的电压达到 ADC 采样精度。

表 2.4.2　SHTx 位

SHTx	ADC12CLK 数	SHTx	ADC12CLK 数	SHTx	ADC12CLK 数
0000	4	0110	128	1100	1 024
0001	8	0111	192	1101	1 024
0010	16	1000	256	1110	1 024
0011	32	1001	384	1111	1 024
0100	64	1010	512		
0101	96	1011	768		

MSC：多次采样转换位，仅在 SHP＝1 且转换模式非单通道单次时才有效；0 表示每次转换需要 SHI 信号的上升沿触发采样定时器；1 表示仅首次转换由 SHI 信号的上升沿触发采样定时器，而后采样转换将在前一次转换完成后自动进行。

REF2_5 V：内部参考电压选择位，REFON＝1 时才有意义；0 表示选择 1.5 V 内部参考电压；1 表示选择 2.5 V 内部参考电压。

REFON：参考电压开关；0 表示关闭内部参考电压发生器；1 表示打开内部参考电压发生器。

ADC12ON：ADC12 内核开关；0 表示关闭 ADC12 内核；1 表示打开 ADC12 内核。

ADC12OVIE：转换结果存储器溢出中断使能位；0 表示禁止溢出；1 表示允许溢出，当 ADC12MEMx 中原有数据还没有读出，而又有新的转换结果数据要写入时，发生溢出，请求中断。

ADC12TOVIE：转换时间溢出中断使能位；0 表示禁止溢出；1 表示允许溢出，转换还没完成就发生采样请求，则会发生转换时间溢出，请求中断。

ENC：转换使能位；0 表示 ADC12 禁止，为初始状态，不能启动 AD 转换；1 表示 ADC12 使能。

ADC12SC：采样转换启动位；0 表示未启动采样转换；1 表示启动采样转换；用一条指令将 ADC12SC 和 ENC 同时置 1，可启动转换。

2）ADC12CTL1：ADC12 控制寄存器 1

15～12	11～10	9	8
CSTARTADDx	SHSx	SHP	ISSH

7～5	4～3	2～1	0
ADC12DIVx	ADC12SSELx	CONSEQx	ADC12BUSY

ADC12CTL1 的 3～15 位只有在 ENC＝0（ADC12 为初始状态）时，才能进行修改。

CSTARTADDx：AD 转换存储器的起始地址位；该 4 位所表示的二进制数 0～15 分别对应 ADC12MEM0～15。

SHSx：采样保持的信号源选择位；00 表示 ADC12SC 标志位；01 表示定时器 A 的 OUT1；10 表示定时器 B 的 OUT0；11 表示定时器 B 的 OUT1。

SHP：采样时序模式选择位；0 表示扩展采样模式，采样输入信号直接控制采样信号；1 表示脉冲采样模式，采样输入信号触发采样定时器，定时时间由 SHT0x 或 SHT1x 决定；推荐使用脉冲采样模式，采样周期可控。

ISSH：采样输入信号是否与 SHSx 所选的采样保持信号源反相；0 表示同相，推荐使用；1 表示反相。

ADC12DIVx：ADC12 时钟源分频系数选择位；分频系数为该 3 位二进制数加 1。

ADC12SSELx：ADC12 时钟源选择位；00 表示内部时钟源 ADC12OSC（约 5 MHz）；01 表示 ACLK；10 表示 MCLK；11 表示 SMCLK。

CONSEQx：转换模式选择位；00 表示单通道单次转换模式；01 表示序列通道单次转换模式；10 表示单通道多次转换模式；11 表示序列通道多次转换模式。

ADC12BUSY：ADC12 忙标志位，只读；0 表示空闲；1 表示正在进行采样转换。

3）ADC12MEMx：转换结果存储寄存器，$x＝0～15$

15～12	11～0
0000，只读	12 位转换结果

该寄存器通常只需读取操作，对该寄存器进行写操作会破坏转换结果。

4）ADC12MCTLx：转换结果存储控制寄存器，$x＝0～15$，对应 ADC12MEMx

7	6～4	3～0
EOS	SREFx	INCHx

该寄存器所有位必须在 ENC＝0 时才能修改。

EOS：序列结束标志位；0 表示序列没有结束；1 表示该序列中的最后一次转换。

SREFx：参考电压选择位；000 表示 $V_{R+} = AV_{CC}$，$V_{R-} = AV_{SS}$；001 表示 $V_{R+} = V_{REF+}$（内部参考电压），$V_{R-} = AV_{SS}$；010/011 表示 $V_{R+} = V_{eREF+}$，$V_{R-} = AV_{SS}$；100 表示 $V_{R+} = AV_{CC}$，$V_{R-} = V_{REF-}/V_{eREF-}$；101 表示 $V_{R+} = V_{REF+}$，$V_{R-} = V_{REF-}/V_{eREF-}$；110/111 表示 $V_{R+} = V_{eREF+}$，$V_{R-} = V_{REF-}/V_{eREF-}$。

INCHx：模拟通道选择位；0000～0111 表示 A0～A7；1000 表示 V_{eREF+}；1001 表示 V_{REF-}/V_{eREF-}；1010 表示温度传感器；1011～1111 表示 $(AV_{CC} - AV_{SS})/2$。

5）ADC12IFG：中断标志寄存器

16 位寄存器，对应 16 个转换通道；当读取 ADC12MEMx 时，对应中断标志清 0。

6）ADC12IE：中断使能寄存器

16 位寄存器，对应 16 个转换通道；0 表示禁止转换中断；1 表示使能转换中断。

7）ADC12IV：中断矢量寄存器，只读

15～6	5～1	0
未使用，0	ADC12IVx	未使用，0

ADC12IV：0x00 表示无中断；0x02 表示转换结果寄存器溢出；0x04 表示转换时间溢出；0x06～0x24（仅偶数）表示 ADC12MEM0～ADC12MEM15 中断。

2. ADC12 工作原理

1）ADC12 内核

ADC12 可将一个输入的模拟信号转换成 12 位的数字信号，存储在转换存储寄存器 ADC12MEMx 中，x 为 0～15，即有 16 个转换通道，但同一时刻仅能对一路信号进行采样转换。模拟信号的参考电压的上下限记为 V_{R+} 和 V_{R-}，可按需设置；当输入信号电压大于等于 V_{R+}，转换结果为最大值 0xFFF；当输入信号小于等于 V_{R-} 时，转换结果为最小值 0；故输入信号的电压范围必须在上下限电压之间。输出数字量 N_{ADC} 和输入模拟量 V_{in} 间的关系如下：

$$N_{ADC} = 4\,095 \times \frac{V_{in} - V_{R-}}{V_{R+} - V_{R-}}$$

2）采样转换时序

当开始采样时，需要一定时间的采样周期，来给保持电容充电，以满足电容上的电压达到 ADC 采样精度。

对于扩展采样模式，即 SHP=0，此时由 SHSx 所选择的采样保持信号源直接控制采样周期。若 SHSx 选择了 ADC12SC，那么将 ADC12SC 拉高，即启动采样；ADC12SC 拉低，则采样周期结束，开始进行转换。

对于脉冲采样模式，即 SHP=1，此时由 SHSx 所选择的采样保持信号源触发定时器，由 SHT0x 或 SHT1x 决定采样周期。若 SHSx 选择了 ADC12SC，那么将 ADC12SC 拉高，即启动采样；当采样周期完成，ADC12SC 会自动清 0，开始进行转换。启动下一次采样时，还需再次将 ADC12SC 拉高。

如前面所述,采样周期不是随意选择的,最小采样周期与信号内阻有关,故不同的模拟信号,其采样周期亦不相同,具体数值可由实验得出:选用脉冲采样模式,从小到大选择不同的采样保持周期,观察输出的数字量是否正确,或将数字量再转换成模拟量输出,观察是否失真。

开始转换后,转换周期固定,为 $13 \times ADC12CLK$,其中,ADC12CLK 由 ADC12SSELx 所选的时钟源经 ADC12DIVx 分频后的时钟周期。12 个时钟周期对应 12 位的逐次逼近转换,最后一个时钟周期是存储转换结果。

对于一次 ADC12 的 A/D 转换,总的采样转换时间≈采样周期+转换周期。使用约等于符号,是因为还需一定的与 ADC12CLK 的同步周期。

3) 转换模式

ADC12 有 4 种操作模式:单通道单次转换、序列通道单次转换、单通道多次转换、序列通道多次转换,由 CONSEQx 来进行选择。

单次转换是指对所选通道仅进行一次转换,若还需进行转换,则需再次启动转换;多次转换是指对所选通道进行多次连续的采样转换,直到软件将其停止。

单通道是指仅对 CSTARTADDx 所选的 ADC12MEMx 寄存器选择的该路模拟信号进行转换;序列通道是指对多路模拟信号进行转换,转换的第一个通道的存储寄存器地址由 CSTARTADDx 决定,该通道转换完毕后会自动转到序列的下一个通道,进行转换。序列转换的结束条件是:如果遇到序列中 ADC12MCTLx 中的 EOS 为 1,标志序列结束,则该通道转换完成后就停止本次序列转换。

(1) 单通道单次转换。

针对一个通道进行一次转换,转换结果保存在 CSTARTADDx 选择的存储器中。

对于扩展采样模式,采样由采样保持信号源(如 ADC12SC)直接控制,通过软件将其置 1 和清 0 完成采样周期。对于脉冲采样模式,采样由采样保持信号源(如 ADC12SC)触发定时器控制,由 SHT0x 或 SHT1x 决定采样周期。ADC12SC 拉高,启动采样;采样周期完成,ADC12SC 自动清 0,开始转换。

采样转换是否完成,可以通过判断标志位 ADC12BUSY 是否为 1 来实现。确保上一次转换完成后才能再次拉高 ADC12SC 拉高,启动下一次采样转换。采用非 ADC12SC 的时钟源时,注意在两次转换间要将 ENC 标志位清 0 再置 1。

转换停止方法:转换完成后(ADC12BUSY 为 1),将 ENC 清 0。

(2) 序列通道单次转换。

序列中的每个通道依次进行一次采样转换,转换结果保存在以 CSTARTADDx 选择的存储器为首地址的寄存器区域中。

序列未完成时,若 MSC=1 且 SHP=1,则自动进行序列中下一通道的转换;若 MSC=0 或 SHP=0,则需拉高采样保持信号源(如 ADC12SC),才能进行序列中下一通道的转换。

序列完成后还需进行下一轮的序列通道转换时,若采用信号源 ADC12SC,则需将其拉高;采用非 ADC12SC 的信号源,则需将 ENC 标志位清 0 再置 1。

转换停止方法:将 ENC 清 0,则当前序列所有通道采样转换结束后自动停止。

(3) 单通道多次转换。

在选定通道上进行多次连续的采样转换,直到软件将其停止。转换结果保存在指定的 ADC12MEMx 中。每次采样转换完成后,要及时存储转换结果,避免下一次转换将其覆盖。

转换停止方法:将 ENC 清 0,则当前转换结束后自动停止。

(4) 序列通道多次转换。

针对一个序列通道,进行连续多次采样转换,直到软件将其停止。转换结果保存在以 CSTARTADDx 选择的存储器为首地址的寄存器区域中。

转换停止方法:同序列通道单次转换,将 ENC 清 0,则当前序列所有通道采样转换结束后自动停止。

4 种模式都可以采用的停止方法是:将 CONSEQx 设为 0(单通道单次),再将 ENC 标志清 0,此时会立即停止采样转换,但转换结果不可靠。

4) 温度传感器

ADC12 内部有一个温度传感器,可以通过选择通道 10(INCHx＝1010)来使用,其他设置与外部通道采样一致。温度传感器的输出电压 $U(V)$ 与温度 $T(℃)$ 在 $-50℃ \sim 100℃$ 间的换算公式为:$U = 0.003\,5 \times T + 0.986$。

使用内部温度传感器时需确保采样周期大于 $30\ \mu s$。温度传感器误差较大,需进行校正。内部参考电源会自动作为温度传感器的电压源,但仍需通过软件选择参考电压。

5) ADC12 中断

ADC12 模块有 18 个中断源:ADC12OV(存储寄存器溢出)、ADC12TOV(转换时间溢出)和 ADC12IFG0～ADC12IFG15(对应寄存器获得转换结果),但只占用一个中断向量地址,中断产生后通过读取 ADC12IV 判断中断源。中断优先级按上述顺序由高到低。

ADC12OV 和 ADC12TOV 不可访问,只能通过对 ADC12IV 的读写访问来自动清除。ADC12IFGx 也不会自动复位,可以通过读取对应的 ADC12MEMx 来清除,或者软件直接清除 ADC12IFGx 标志位。

3. 单通道单次采样转换步骤

1) ADC12 初始化

(1) 设置 ADC12CTL0:ENC 和 ADC12SC 设为 0,再根据需求设置其余位。

(2) 设置 ADC12CTL1。

(3) 设置所选的转换结果存储控制寄存器 ADC12MCTLx:选择参考电压和模拟通道。

(4) 根据需要开相应中断。

(5) 设置 ADC12CTL0:ENC 和 ADC12SC 设为 1,其余位不变,启动采样转换。

2) ADC12 中断服务程序

(1) 读取并存储转换结果。

(2) 等待 ADC12 空闲,即 ADC12BUSY 为 1。

（3）设置 ADC12CTL0，启动下一次转换。

其中，（2）（3）两步为还需进行再次转换时的操作。

4. 系统原理

图 2.4.1 显示出模拟电池部分原理。其中，由电位器 R8 来模拟电池电压，改变 R8 即可改变模拟电池电压。当 R8 改变时，经电阻分压，送入的模拟量范围为 0～2.48 V。模拟量送入单片机的 A1（P6.1）通道。图 2.4.2 显示数码管部分原理，将短路块接到 DIS_SEL 的 SHUMA 处。

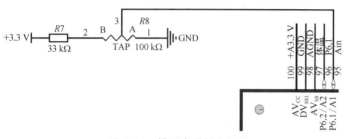

图 2.4.1　模拟电池部分原理

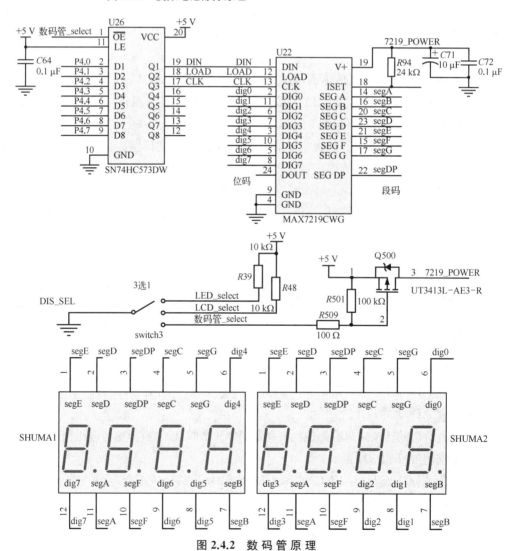

图 2.4.2　数 码 管 原 理

5. 程序示例

下面给出了 ADC12 初始化代码以及中断服务程序代码,用以对 A1 通道连接的模拟电池(R8)信号进行采样,同时对 100 次采样值求平均作为采样结果计算实际电量值,保留 2 位小数,并设置了转换信号 P1.7,来测量转换时间。

```c
#define uchar unsigned char
#define uint unsigned int

uchar BAT_Value;        // 实时电量值的 100 倍,考虑到 2 位小数
long tmp=0;             // 100 次累加变量
uint adc12_times=0;     // 转换次数控制

// ADC12 初始化
void ADC12_Init(void)
{
    // 采样时钟:768,内部参考电压 2.5V,开 AD 内核,ENC 和 ADC12SC 为 0
    ADC12CTL0 = SHT0_11 | REF2_5V | REFON | ADC12ON;
    // 选择 ADC12MEM1,信号源:ADC12SC,时钟:SMCLK 8 分频,单通道单次转换,
      脉冲采样模式
    ADC12CTL1 = CSTARTADD_1|ADC12DIV_7|ADC12SSEL_3 |SHP;
    ADC12MCTL1 = SREF_1|INCH_1;   // 内部参考电压:+(V_REF+),-(AV_SS),选
择 A1 通道
    ADC12IE = BIT1;     // ADC12MEM1 中断开启
    ADC12CTL0 |= ENC|ADC12SC;     // ADC12 使能,启动转换
}

// 中断服务程序
#pragma vector= ADC12_VECTOR     // 中断向量
__interrupt void ADC12_Interrupt()
{
    P1OUT |= BIT7;               // P1.7 拉高
    adc12_times++;              // 统计转换次数
    if(adc12_times< 100)        // 100 次未到
    {
        tmp += ADC12MEM1;       // 累加
    }
    else                        // 100 次
```

```
{
    tmp += ADC12MEM1;              // 累加最后一个值
    BAT_Value= tmp / 1638;         // BAT_Value= tmp / 100 /4095×2.5×100
    tmp=0;                         // 累加值清 0,开始下一个 100 次
    adc12_times=0;                 // 累加次数清 0
}
while(ADC12CTL1 & ADC12BUSY);      // 等待 ADC12 不忙
ADC12CTL0 |= ENC|ADC12SC;          // 启动下一次转换
P1OUT &= BIT7;                     // P1.7 拉低,即高电平期间为转换结束后的处
                                   //    理时间,低电平为采样转换时间,P1.7 的周
                                   //    期为获得一个采样点数据所花费的时间
}
```

6. 实训任务 2-7

1) 操作条件

(1) 仪器设备:实验箱 1 套,示波器 1 台,常用工具 1 套,仿真器 1 套。

(2) 图纸资料:电路图 1 份。

2) 操作内容

在实验系统上,调节模拟电池电位器 R8,利用低 3 位数码管实时显示模拟电池的电压值,保留 2 位小数;要求对所测数字量进行 500 次均值计算,并在每次转换开始和结束时,利用 P1.7 输出脉冲波形,其中波形高电平为转换时间,周期为获得一个采样点数据所花费的时间。

(1) 根据电路图,写出本题使用的芯片名称。

(2) 画出程序流程框图。

(3) 完成程序设计。

(4) 调试程序,测试 P1.7,计算转换时间和采样周期。

3) 操作要求

(1) 正确画流程框图、完成程序设计。

(2) 正确进行软硬件调试,测试信号波形。

项目 2.5   D/A 转 换

1. TLC5615

TLC5615 是一款 10 位的串行 D/A 转换器,其特点如下:

(1) 单 5 V 电源工作。

(2) 3 线串行接口。

(3) 高阻抗基准输入端。

(4) DAC 输出的最大电压为 2 倍参考电压。

(5) 上电时内部自动复位。

(6) 微功耗,最大功耗为 1.75 mW。

(7) 转换速度快,更新率为 1.21 MHz。

(8) 输入的数字信号,高电平需大于 2.4 V,低电平需小于 0.8 V。

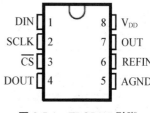

图 2.5.1　TLC5615 引脚

TLC5615 引脚如图 2.5.1 所示,引脚说明如表 2.5.1 所示。

表 2.5.1　TLC5615 引脚说明

管　　脚	名　　称	功　　能
1	DIN	串行数据输入端。
2	SCLK	串行时钟输入端。
3	$\overline{\text{CS}}$	片选,低电平有效。
4	DOUT	串行数据输出端,用于级联。
5	AGND	模拟地。
6	REFIN	参考电压输入端。
7	OUT	DAC 模拟信号输出端。
8	V_{DD}	电源电压正端,+5 V。

TLC5615 输出的模拟量 V_{OUT} 与输入数字量 D 成正比关系,且与输入的参考电压 V_{REFIN} 有关:

121

$$V_{\text{OUT}} = 2 \times V_{\text{REFIN}} \times \frac{D}{1\,024}$$

TLC5615 的输入数字量为 10 位二进制,取值范围 0～1 023,但在从 DIN 送入时序转换成 12 位二进制,如图 2.5.2 所示。其中低位增加的 2 位可任意取值,一般设为 0。

图 2.5.2　12 位输入数据格式

TLC5615 的控制时序如图 2.5.3 所示。当片选$\overline{\text{CS}}$为低电平时,串行数据才能送入器件。$\overline{\text{CS}}$为低电平时,在每一个 SCLK 的上升沿,将数字量由高位到低位,依次从 DIN 移入。$\overline{\text{CS}}$拉高后,D/A 转换输出模拟量。其中,$\overline{\text{CS}}$的上升和下降变化都必须发生在 SCLK 的低电平期间。

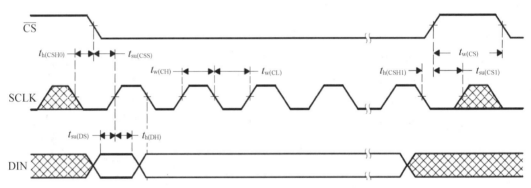

图 2.5.3　TLC5615 控制时序

2. TLC5615 操作步骤

(1) SCLK 拉低。

(2) 按数据格式准备好待发送的 12 位数据。

(3) CS 拉低。

(4) 循环 12 次,发送 12 位数据:SCLK 拉低;取数据最高位送出;数据左移 1 位;SCLK 拉高,数据移入器件。

(5) SCLK 拉低,CS 拉高,转换输出。

3. 系统原理

图 2.5.4 显示系统平台中

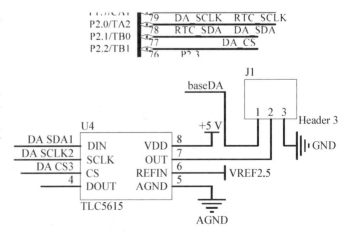

图 2.5.4　D/A 转换原理

D/A 转换原理。其中,TLC5615 的控制信号 SCLK、DIN 和 CS 分别由 P2.0～P2.2 控制,
D/A 的输出连接到 J1 的 2 号脚;参考电压为 2.5 V,由外部器件产生。

4. 程序示例

在实验系统上,利用 D/A 转换器 TLC5615,产生 0～5 V 的锯齿波。

```c
#define DAC_SCLK_H        (P2OUT |= BIT0)       // SCLK 拉高
#define DAC_SCLK_L        (P2OUT &= ~BIT0)      // SCLK 拉低
#define DAC_SDA_H         (P2OUT |= BIT1)       // DIN 拉高
#define DAC_SDA_L         (P2OUT &= ~BIT1)      // DIN 拉低
#define DAC_CS_H          (P2OUT |= BIT2)       // CS 拉高
#define DAC_CS_L          (P2OUT &= ~BIT2)      // CS 拉低


// 控制 TLC5615 转换,输入为 data
void TLC_5615_Send_Data(int data)
{
    int i;
    DAC_SCLK_L;                 // SCLK 拉低
    if(data>1023) data=1023;    // 数据不能超过 1 023
    data <<= 2;                 // 数据左移两位,凑成 12 位
    DAC_CS_L;                   // CS 拉低
    for (i=0; i<12; i++)        // 发送 12 位数据
    {
        DAC_SCLK_L;             // SCLK 拉低
        if(data&0x800)          // 取数据最高位
            DAC_SDA_H;          // 数据送出 1
        else
            DAC_SDA_L;          // 数据送出 0
        data <<= 1;             // 数据左移 1 位,下一位待发送数据移入最高位
        DAC_SCLK_H;             // SCLK 拉高
    }
    DAC_SCLK_L;                 // SCLK 拉低
    DAC_CS_H;                   // CS 拉高,转换输出
}

void main()
{
    int DAdata = 0;
```

```
CPU_Clock_Init();          // CPU 时钟配置
CPU_IO_Pin_Init();         // CPU I/O 引脚配置,根据本项目配置
while(1)
{
    TLC_5615_Send_Data(DAdata++);
    if (DAdata == 1024) DAdata = 0;
}
}
```

5. 实训任务 2－8

1) 操作条件

(1) 仪器设备:实验箱 1 套,示波器 1 台,常用工具 1 套,仿真器 1 套。

(2) 图纸资料:电路图 1 份。

2) 操作内容

在实验系统上,利用 D/A 转换器 TLC5615,产生 0～5 V 的三角波。

(1) 根据电路图,写出本题使用的芯片名称。

(2) 画出程序流程框图。

(3) 完成程序设计。

(4) 调试程序,测试 DA 输出信号 J1－2,J1－3 为接地,记录波形。

3) 操作要求

(1) 正确画流程框图、完成程序设计。

(2) 正确进行软硬件调试,测试输出波形。

项目 2.6 实时时钟

1. ISL1208

ISL1208 是一款低功耗实时时钟,带定时与晶体补偿、时钟/日历、电源失效指示器、周期或轮询报警、智能后备电池切换和后备电池供电的用户 SRAM。振荡器采用外部、低成本、32.768 kHz 的晶体;实时时钟用独立的时、分、秒寄存器跟踪时间,并且还带有日历寄存器用于存储日、月、年和星期;日历精确到 2099 年,具有闰年自动修正功能;数据接口为 I^2C 串行总线。其引脚如图 2.6.1 所示,引脚说明如表 2.6.1 所示。

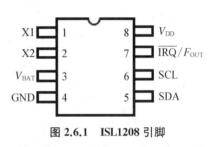

图 2.6.1　ISL1208 引脚

表 2.6.1　ISL1208 引脚说明

管 脚	名 称	功 能
1	X1	外接 32.768 kHz 晶振的一个引脚,也可直接以 32.768 kHz 的晶体源驱动。
2	X2	外接 32.768 kHz 晶振的另一个引脚。
3	V_{BAT}	后备电源电压,在 V_{DD} 电源失效时为器件供电,不用时需接地。
4	GND	接地。
5	SDA	串行数据端口,与单片机连接。
6	SCL	串行时钟,数据输入和输出的时钟同步信号。
7	$\overline{IRQ}/F_{OUT}$	中断输出/频率输出,由寄存器设置其引脚功能。
8	V_{DD}	供电电源,2.0～5.5 V。

对 ISL1208 的控制和时间读写都是通过其内部寄存器来操作的。寄存器被分成 4 段,分别是:① 实时时钟,7 字节,地址为 0x00 至 0x06;② 控制与状态,5 字节,地址为 0x07 至 0x0B;③ 报警,6 字节,地址为 0x0C 至 0x11;④ 用户 SRAM,2 字节,地址为 0x12 至 0x13,主电源掉电时,可由后备电源进行供电。

1) RTC:实时时钟寄存器

实时时钟寄存器用来存放年月日时分秒以及周这 7 个数据,具体格式如表 2.6.2 所示,只有在 WRTC 位(SR 的 D4 位)被置为 1 时才能对其进行写操作。这些寄存器采用 BCD 码表示时间,如 45 秒则 SC2 为 4,SC1 为 5,即 SC 寄存器值为 0x45。如果 HR 寄存器中的 MIL 位为 1,则 RTC 使用 24 小时格式;如果 MIL 位为 0 则 RTC 使用 12 小时格式,这时 HR21 位用作 AM/PM 指示器,HR21 为 1,则显示 PM;时钟缺省为 12 小时格式,且 HR21 为 0。星期寄存器 DW 提供星期状态,表示一周中的 7 天,其值为 0~6 的循环,数字值分配到星期中的某日是任意的,可以由系统软件设计者决定。

表 2.6.2　实时时钟寄存器 RTC

地址	寄存器	含义	位								取值范围	复位值
			7	6	5	4	3	2	1	0		
0x00	SC	秒	0	SC2			SC1				0~59	0x00
0x01	MN	分	0	MN2			MN1				0~59	0x00
0x02	HR	时	MIL	0	HR21	HR20	HR1				0~23	0x00
0x03	DT	日	0	0	DT2		DT1				1~31	0x00
0x04	MO	月	0	0	0	MO2	MO1				1~12	0x00
0x05	YR	年	YR2				YR1				0~99	0x00
0x06	DW	周	0			0	DW				0~6	0x00

2) 控制与状态寄存器

控制与状态寄存器包括状态寄存器 SR、中断控制寄存器 INT、模拟微调寄存器 ATR,以及数字微调寄存器 DTR。

(1) SR:状态寄存器,地址 0x07,复位值 0x01。

7	6	5	4	3	2	1	0
ARST	XTOSCB	—	WRTC	—	ALM	BAT	RTCF

ARST:自动复位使能位,对 BAT 和 ALM 状态位的自动复位进行使能/禁止,为 1 时在对 SR 进行一次有效的读操作后,这两个状态位都复位为 0;若 ARST 为 0,用户必须对 BAT 和 ALM 位进行手动清零。

XTOSCB:晶体振荡器使能位,使能/禁止内部晶体振荡器,为 1 时振荡器被禁止,并且 X1 引脚允许外部 32 kHz 的信号来驱动,上电时被清零。

WRTC:写 RTC 使能位,缺省设置值为 0,在初始化时必须置为 1,以使能 RTC;在完成一次有效的写操作后,RTC 开始计时。

ALM:报警位,该位显示报警寄存器是否与实时时钟寄存器匹配,如果相匹配则相应位被硬件置 1,可由用户程序复位或通过使能自动复位来进行自动复位,该位不能软件置 1。

BAT：电池供电位,器件进入后备电池供电模式时该位硬件置 1,可由用户程序复位或通过使能自动复位位来进行自动复位,该位不能软件置 1。

RTCF：实时时钟失效位,在全部电源失效后再上电时,该位被硬件置 1,只读,向 RTC 的第一次有效写即可将其复位为 0。

(2) INT：中断控制寄存器,地址 0x08,复位值 0x00。

7	6	5	4	3	2	1	0
IM	ALME	LPMODE	FOBATB	FO3	FO2	FO1	FO0

IM：中断/报警模式位,用于使能/禁止报警功能的中断模式。该位为 1 时设置为周期性定时事件,报警触发一个低电平有效、宽度为 250 ms 的脉冲出现在 $\overline{\text{IRQ}}/F_{\text{OUT}}$ 引脚上;该位为 0 时设置为单定时事件,此时 $\overline{\text{IRQ}}/F_{\text{OUT}}$ 引脚将保持低电平直到 ALM 状态位被清零。

ALME：报警使能位,用于使能/禁止报警功能,该位为 1 时报警功能被使能,为 0 时被禁止。频率输出模式被使能时,报警功能被禁止。

LPMODE：低功耗模式位,用于激活/禁止低功耗模式,该位为 0 时器件处于正常模式,为 1 时处于低功耗模式。

FOBATB：频率输出与中断位,在后备电池供电模式中,该位使能/禁止 $\overline{\text{IRQ}}/F_{\text{OUT}}$。若该位为 1,$\overline{\text{IRQ}}/F_{\text{OUT}}$ 引脚被禁止,这意味着频率输出和报警输出功能都被禁止;若为 0,$\overline{\text{IRQ}}/F_{\text{OUT}}$ 引脚则被使能。

FO[3~0]：频率输出控制位,这四位使能/禁止频率输出功能,并选择 $\overline{\text{IRQ}}/F_{\text{OUT}}$ 引脚的输出频率;频率选择如表 2.6.3 所示。

表 2.6.3　F_{OUT} 引脚的频率选择

输出频率 F_{OUT}/Hz	FO3	FO2	FO1	FO0
0	0	0	0	0
32 768	0	0	0	1
4 096	0	0	1	0
1 024	0	0	1	1
64	0	1	0	0
32	0	1	0	1
16	0	1	1	0
8	0	1	1	1
4	1	0	0	0
2	1	0	0	1

（续表）

输出频率 F_{OUT}/Hz	FO3	FO2	FO1	FO0
1	1	0	1	0
1/2	1	0	1	1
1/4	1	1	0	0
1/8	1	1	0	1
1/16	1	1	1	0
1/32	1	1	1	1

（3）ATR 和 DTR：模拟微调寄存器和数字微调寄存器。

模拟微调寄存器 ATR 用来调节片内负载电容，用于 RTC 频率补偿，其中高 2 位用于电池模式的 ATR 电容调整。数字微调寄存器 DTR 用来调整每秒钟的平均计数值和平均 ppm（百万分之一）误差，以获取更好的精度。具体位定义如表 2.6.4 所示，两者的复位值均为 0x00。

表 2.6.4　ART 与 DTR

地　址	寄存器	7	6	5	4	3	2	1	0
0x0A	ATR	BMATR1	BMATR0	ATR5	ATR4	ATR3	ATR2	ATR1	ATR0
0x0B	DTR	—					DTR2	DTR1	DTR0

3）报警寄存器

报警寄存器字节的设置与 RTC 寄存器字节相同（除了没有年对应的报警字节），不同的是每个字节的最高有效位可用作使能位。使能位规定哪些报警寄存器可以将报警寄存器和相应的实时寄存器之间进行比较。具体格式如表 2.6.5 所示。

表 2.6.5　报 警 寄 存 器

地址	寄存器	含义	位								取值范围	复位值
			7	6	5	4	3	2	1	0		
0x0C	SCA	秒	ESCA	SC2			SC1				0～59	0x00
0x0D	MNA	分	EMNA	MN2			MN1				0～59	0x00
0x0E	HRA	时	EHRA	0	HR21	HR20	HR1				0～23	0x00
0x0F	DTA	日	EDTA	0	DT2		DT1				1～31	0x00
0x10	MOA	月	EMOA	0	0	MO2	MO1				1～12	0x00
0x11	DWA	周	EDWA	0			0	DW			0～6	0x00

报警功能起着将报警寄存器与 RTC 寄存器进行比较的作用。当 RTC 增加时，一旦

报警寄存器与 RTC 寄存器相匹配,就会触发一次报警。

2. ISL1208 初始化步骤

(1) 设置 SR 中的 WRTC 为 1。

(2) 设置相应的 RTC 寄存器。

(3) 根据需要设置中断控制寄存器、微调寄存器和报警寄存器。

3. I^2C 串行接口

对 ISL1208 寄存器的读写,在底层都是经 I^2C 串行接口进行的。本系统中,单片机作为主机控制 I^2C,包括启动数据的传送,并提供用于发送和接收操作的时钟,而 ISL1208 作为从机。通过 I^2C 接口进行的所有通信都是从数据每个字节的最高有效位开始发送。

所有的 I^2C 接口操作必须由"开始"条件引导开始,由"停止"条件来终止;开始 START 和停止 STOP 是在 SCL 为高(1)时 SDA 状态的改变;SCL 为低(0)时,SDA 状态的改变为传输的数据;有效的数据变化、开始和停止条件时序如图 2.6.2 所示。

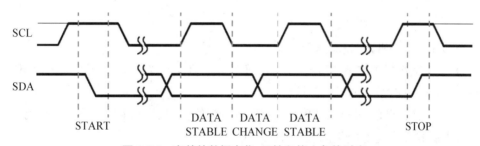

图 2.6.2 有效的数据变化、开始和停止条件时序

开始 I^2C 接口操作时,在 SCL 高电平期间,将 SDA 拉低,完成"开始"(START);数据传输时,在 SCL 低电平期间传送一位数据,SCL 拉高后,该数据稳定,SCL 再次拉低,传送下一位数据;传送结束时,在 SCL 高电平期间,将 SDA 拉高,完成"结束"(STOP)。

应答(ACK)是一个用来表示数据传送成功的软件协议。发送器件(无论是主机或从机)在发送 8 位数据后,将释放 SDA 总线。在第九个时钟周期中,接收器将 SDA 线拉低作为对接收到 8 位数据的应答,如图 2.6.3 所示。

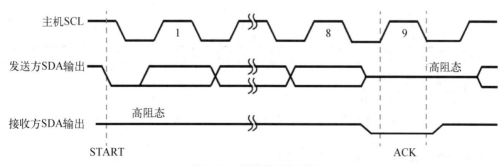

图 2.6.3 接收器应答时序

ISL1208 在接收到 1 个字节后,都将发送应答信号,不论接收到的字节是标识字节、地址字节或数据字节;而主机在接收到读操作之后的数据字节以后也必须以一个应答来响应。

1) ISL1208 寄存器写序列

写 ISL1208 的寄存器包括标识字节、地址字节和数据字节,具体序列如图 2.6.4 所示。

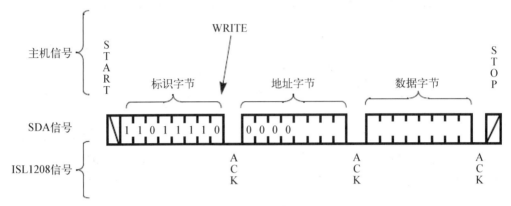

图 2.6.4　ISL1208 寄存器写序列

（1）主机(单片机)首先发送开始(START)信号。

（2）主机发送标识字节 1101 1110(0xDE),其中高 7 位为 ISL1208 的固定标识符,最低位的 0 表示当前执行的是写操作。

（3）主机将自己的 SDA 设为输入,等待从机应答;而从机 ISL1208 收到标识字节后,在 SDA 引脚自动发送低电平的应答(ACK)信号。

（4）主机发送寄存器地址,从机应答。

（5）主机发送数据字节,即写入该寄存器的值,从机应答。

（6）主机发送停止(STOP)信号。

2) ISL1208 寄存器读序列

读 ISL1208 寄存器的操作包含一个三字节的指令和一个或多个数据字节,如图 2.6.5 所示。

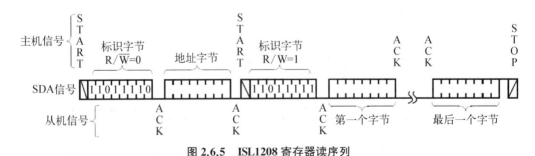

图 2.6.5　ISL1208 寄存器读序列

（1）主机首先发送开始(START)信号。

（2）主机发送标识字节 1101 1110(0xDE),最低位的 0 表示当前执行的是写操作;从机应答。

（3）主机发送待读的寄存器地址（读多个寄存器时发送第一个寄存器的地址），从机应答。

（4）主机再次发送开始（START）信号。

（5）主机发送标识字节 1101 1111（0xDF），最低位的 1 表示当前执行的是读操作；从机应答。

（6）ISL1208 发送第一个寄存器的数据，主机接收，主机将 SDA 拉低，发送应答。

（7）主机依次接收下一个数据，并且发送应答。

（8）主机接收最后一个字节，将 SDA 拉高，即不发送应答。

（9）主机发送停止（STOP）信号。

主机读到的数据字节来自由内部指针指向的寄存器地址。指针的初始值由读操作指令中的地址字节确定，每发送一个数据字节，指针读数就加 1，在达到寄存器地址 0x13 时，指针就返回到 0x00，而 ISL1208 在每接收到一个应答以后，继续输出下一个数据。

4. 系统原理

图 2.6.6 为系统平台实时时钟 ISL1208 连接原理。MSP430F449 并不带 I^2C 接口，故控制信号 SCL 和 SDA 分别由 P2.0 和 P2.1 控制。这两个引脚与串行 D/A 的时钟和数据

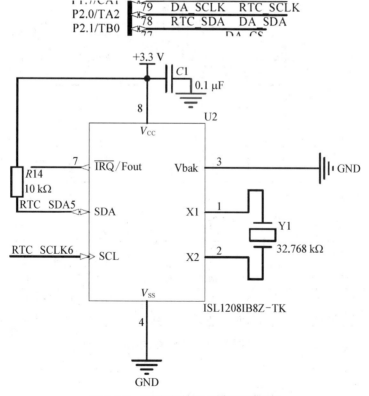

图 2.6.6 实时时钟 ISL1208 连接原理

引脚复用,但使用时并不会引起冲突:在 D/A 转换中,需要控制片选 CS 信号,才能使得 TLC5615 有效工作;而 RTC 中,虽然没有指定的片选信号,但由于采用了 I²C 总线的传输,开始工作的条件必须是在 SCL 为高电平时 SDA 出现下降沿,而对 TLC5615 的操作中,其数据的变化都是在 SCLK 为低电平期间进行的。图 2.6.7 显示数码管部分原理,将短路块接到 DIS_SEL 的 SHUMA 处。

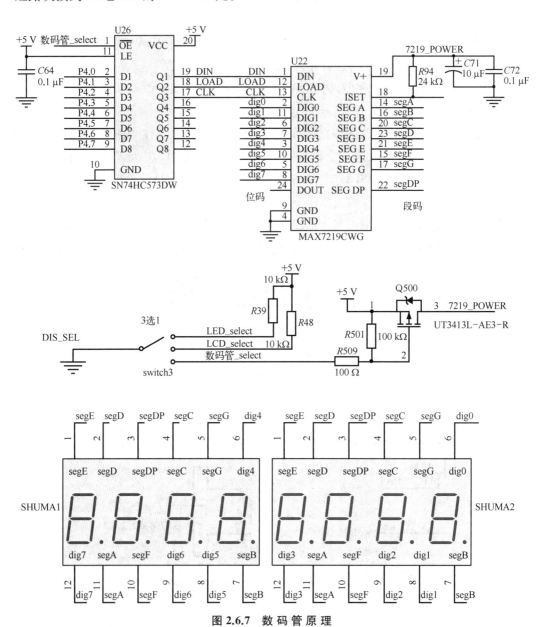

图 2.6.7 数码管原理

5. 程序示例

下面给出了实时时钟控制部分的相关函数。

```
#define uchar    unsigned char
#define uint        unsigned int
#define RTC_CLK_OUT    (P2DIR |= BIT0)        // CLK 置为输出
#define RTC_SDA_OUT    (P2DIR |= BIT1)        // SDA 置为输出
#define RTC_SDA_IN    (P2DIR &= ~BIT1)        // SDA 置为输入
#define RTC_CLK_H    (P2OUT |= BIT0)        // CLK 拉高
#define RTC_CLK_L    (P2OUT &= ~BIT0)        // CLK 拉低
#define RTC_SDA_H    (P2OUT |= BIT1)        // SDA 拉高
#define RTC_SDA_L    (P2OUT &= ~BIT1)        // SDA 拉低
#define RTC_SDA        (P2IN & BIT1)        // SDA 输入引脚


#define DEV_ID_R        0xDF    // 读操作的标识字节
#define DEV_ID_W        0xDE    // 写操作的标识字节
#define SR            0x07    // SR 寄存器地址
#define HR            0x02    // HR(小时)寄存器地址
#define WRTC            BIT4    // 时间改写使能(1 使能)


uchar time_reg[3]={0x00,0x00,0x00};    // 时间存放数组,00 秒 00 时 00 分


// IIC 启动,数据下降沿触发开始
void IIC_Start(void)
{
    RTC_SDA_H;        // SDA 拉高
    RTC_CLK_H;        // CLK 拉高
    RTC_SDA_L;        // CLK 高电平期间 SDA 拉低
    RTC_CLK_L;        // CLK 拉低
}


// IIC 停止,数据上升沿触发终止
void IIC_Stop(void)
{
    RTC_SDA_L;        // SDA 拉低
    RTC_CLK_H;        // CLK 拉高
    RTC_SDA_H;        // CLK 高电平期间 SDA 拉高
    RTC_CLK_L;        // CLK 拉低
}
```

```
// 读取对方应答信号
void RTC_ACK(void)
{
    RTC_CLK_L;          // CLK 拉低
    RTC_SDA_H;          // SDA 拉高,准备释放 SDA
    RTC_CLK_H;          // CLK 拉高,进入第 9 个时钟周期
    RTC_SDA_IN;         // SDA 置为输入
    while(RTC_SDA);     // 读 SDA 直至变为低电平,表示收到应答
    RTC_CLK_L;          // CLK 拉低,结束第 9 个时钟周期
    RTC_SDA_OUT;        // SDA 置为输出
}


// 主机发送应答信号
void Send_ACK(void)
{
    RTC_CLK_L;          // CLK 拉高
    RTC_SDA_L;          // SDA 拉低
    RTC_CLK_H;          // CLK 拉低
    RTC_CLK_L;          // CLK 拉高
}


// IIC 发送一个字节 + 读应答,data: 发送的字节数据
void IIC_Send_Byte(uchar data)
{
    uchar sda, i;
    for(i=0;i<8;i++)   // 8 位数据
    {
        RTC_CLK_L;   // CLK 拉低,低电平期间才能改变 SDA 的数据
        sda = data>>(7-i);   // 从最高位开始取数据发送
        P2OUT = (sda<<1)&BIT1;   // SDA 输出数据
        RTC_CLK_H;   // CLK 拉高
    }
    RTC_ACK();   // 应答
}


// IIC 只读取一个字节,无需应答,返回值: 读出的字节数据
```

```
uchar IIC_Rec_Byte(void)
{
    uchar i, rd_dat = 0;
    RTC_SDA_IN;    // SDA 置为输入
    for(i=0;i<8;i++)    // 8 位数据
    {
        RTC_CLK_L;    // CLK 拉低,低电平期间对方传来数据
        RTC_CLK_H;    // CLK 拉高,高电平期间数据稳定
        rd_dat += ((RTC_SDA>>1)<<(7-i));    // 从高位开始读数据
    }
    RTC_CLK_L;        // CLK 拉低
    RTC_SDA_OUT;      // SDA 置为输出
    return rd_dat;    // 返回读到的字节数据
}


// 写 RTC 寄存器,addr:寄存器地址,val:寄存器数据
void Write_RTC_Reg(uchar addr,uchar val)
{
    if (addr==HR) val |= BIT7;    // 24 小时制
    IIC_Start();    // 启动
    IIC_Send_Byte(DEV_ID_W);    // 标识字节,写操作
    IIC_Send_Byte(addr);        // 寄存器地址
    IIC_Send_Byte(val);         // 寄存器数据
    IIC_Stop();    // 停止
}


//单字节读 RTC 寄存器,addr:寄存器地址,返回值:读到的寄存器数据
uchar Read_RTC_Reg(uchar addr)
{
    uchar rd_data;    // 返回值
    IIC_Start();    // 启动
    IIC_Send_Byte(DEV_ID_W);    // 标识字节,写操作
    IIC_Send_Byte(addr);        // 寄存器地址
    IIC_Start();                // 启动
    IIC_Send_Byte(DEV_ID_R);    // 标识字节,读操作
    rd_data = IIC_Rec_Byte();   // 读取数据
```

```
    IIC_Stop();   // 停止
    if (addr==HR) return(rd_data&(~BIT7));   // 24 小时制
    else return rd_data;   // 其余字节
}


// 多字节连续读 RTC 寄存器,start_addr：多字节连续读的首地址,length：多字节长度,
buf[]：接收缓存数组
void Read_RTC_Regs(uchar start_addr, uchar length，uchar buf[])
{
    uchar i;
    IIC_Start();   // 启动
    IIC_Send_Byte(DEV_ID_W);        // 标识字节,写操作
    IIC_Send_Byte(start_addr);      // 寄存器地址
    IIC_Start();                    // 启动
    IIC_Send_Byte(DEV_ID_R);        // 标识字节,读操作
    for (i=0; i<length; i++)
    {
        buf[i] = IIC_Rec_Byte();   // 读取数据
        if ((start_addr + i) == HR) buf[i] &= (~BIT7);// 去掉最高位(12/24 小
                                                       时制的标志位)
        if(i<length-1) Send_ACK();
    }
    IIC_Stop();        // 停止
}


// 初始化 RTC,设置初始时间
void RTC_Init(void)
{
    int i;
    Write_RTC_Reg(SR，WRTC);   //时间参数可改写
    for (i=0; i<3; i++)
    {
        Write_RTC_Reg(i, time_reg[i]);   //初始时间设定
    }
}
```

6. 实训任务 2 - 9

1) 操作条件

(1) 仪器设备：实验箱 1 套,示波器 1 台,常用工具 1 套,仿真器 1 套。

(2) 图纸资料：电路图 1 份。

2) 操作内容

在实验系统上,给 RTC 设置当前时间,并读取时分秒显示在 8 位数码管上,显示格式为 hh-mm-ss。

(1) 根据电路图,写出本题使用的芯片名称。

(2) 画出程序流程框图。

(3) 完成程序设计。

(4) 调试程序,测试 I^2C 的控制时序 SCL(P2.0)和 SDA(P2.1),记录波形,注明对应关系。

3) 操作要求

(1) 正确画流程框图、完成程序设计。

(2) 正确进行软硬件调试,测试时序波形。

项目 2.7 异步串口通信

通信是指数据或信息的交换，主要有两种方式：并行通信和串行通信。并行通信是指多位数据同时传输，需要多位传送线，适用于近距离通信；串口通信是指数据一位一位按顺序传送，传输线路少，成本低，但传输速度慢，适合长距离通信。

串行通信根据信息传送方向，可以分为单工（单向传送）、半双工（双向分时传送）、全双工（双向同时传送）。MSP430 的通用串行通信模块为全双工配置。

串行通信有两种基本的通信模式：异步通信和同步通信。异步通信是指通信双方各自有自己的时钟，所以不可能严格同步，但双方的传输速率必须相同。同步通信是指由同一个时钟同时控制通信双方，传输速率完全相同。MSP430 的通用串行通信模块可配置为异步通信或同步通信。

1. 异步通信模式

异步通信模式中，数据是按帧格式进行传送的。一帧数据基本由 4 部分组成：起始位、数据位、奇偶校验位和停止位。首先传送的是起始位 0；然后是数据位，430 单片机数据位是 7 位或 8 位，规定低位在前、高位在后；然后是 1 位地址位（地址位模式）；接下来是奇偶校验位，也可以不进行校验，该位省略；最后是停止位 1，430 中可使用 1 位或 2 位停止位。帧与帧之间的间隔称为空闲位，空闲位也是为 1。图 2.7.1 为 MSP430 单片机异步通信的帧格式。

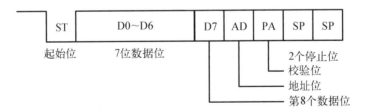

图 2.7.1　MSP430 单片机异步通信的帧格式

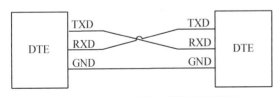

图 2.7.2　双机异步串口通信连接示意

两个设备进行异步串口通信时，其连接示意如图 2.7.2 所示。其中 DTE（Data Terminal Equipment）为数据终端设备，TXD 为数据发送引脚，RXD 为数据接收引脚，GND 为信号地。

在现在的异步串口通信中,常用到的接口是 DB9 接口,如图 2.7.3 所示。其中用于串行数据收发的主要是 3 根:2 表示 RXD, 接收数据;3 表示 TXD,发送数据;5 表示 GND,信号地;对应图 2.7.2 中连接的 3 根线。其余引脚为串口的控制信号线,在连接调制解调器时使用。

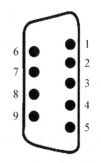

图 2.7.3 DB9 接口
示意(针型)

一般的通用微型计算机(台式机)都包含有 DB9 的串口,也可在安装相关驱动程序后将 USB 接口转换为 DB9 的串口。计算机的串口遵守 RS232 标准,信号为负逻辑,$+3 \sim +15$ V 为逻辑 0 电平,$-3 \sim -15$ V 为逻辑 1 电平。当单片机经串口与计算机进行通信时,须增加转换器件,实现单片机电平(430 系列单片机中,0 V 为逻辑 0 电平,3.3 V 为逻辑 1 电平)与 RS232 电平的转换。

数据传送的速度一般用波特率来表示,其定义为每秒传送的位数,单位为 b/s(bit per second,位/秒)。单片机的波特率一般由其内部的相关寄存器来进行设置,但是计算机的波特率是一些固定值,如:1 200 b/s、2 400 b/s、4 800 b/s、9 600 b/s、19 200 b/s 等,故当单片机与计算机进行通信时,单片机须匹配计算机的波特率。

MSP430F449 的异步通信模块称为通用异步收发传输器(Universal Asynchronous Receiver Transmitter),通常称作 UART;而整个串口通信模块称为 USART(Universal Synchronous Asynchronous Receiver Transmitter),增加了同步功能。

2. UART 寄存器

MSP430F449 的串口通信寄存器如表 2.7.1 所示,其中 x 为 0 或 1,分别代表了两个串口 USART0 或 USART1。

表 2.7.1 串口通信相关寄存器

寄 存 器	缩 写	类型	地 址	复位值
控制寄存器	UxCTL	读/写	0x0070/0x0078	0x01
发送控制寄存器	UxTCTL	读/写	0x0071/0x0079	0x01
接收控制寄存器	UxRCTL	读/写	0x0072/0x007A	0x00
波特率控制寄存器 0	UxBR0	读/写	0x0074/0x007C	不变
波特率控制寄存器 1	UxBR1	读/写	0x0075/0x007D	不变
调整控制寄存器	UxMCTL	读/写	0x0073/0x007B	不变
接收缓冲寄存器	UxRXBUF	读	0x0076/0x007E	不变
发送缓冲寄存器	UxTXBUF	读/写	0x0077/0x007F	不变
外围模块允许寄存器	ME1/ME2	读/写	0x0004/0x0005	0x00
中断允许寄存器	IE1/IE2	读/写	0x0000/0x0001	0x00
中断标志寄存器	IFG1/IFG2	读/写	0x0002/0x0003	0x82/0x20

1）UxCTL：控制寄存器

7	6	5	4	3	2	1	0
PENA	PEV	SPB	CHAR	LISTEN	SYNC	MM	SWRST

PENA：校验使能位；0 表示禁止校验；1 表示使能校验。

PEV：校验选择位，仅在 PENA 为 1 时有效；0 表示奇校验，数据位与校验位共有奇数个 1；1 表示偶校验，数据位与校验位共有奇数个 1。

SPB：停止位选择；0 表示 1 个停止位；1 表示 2 个停止位。

CHAR：数据位数，可选择 7 位或 8 位数据发送接收；0 表示 7 位；1 表示 8 位。

LISTEN：内部反馈使能；0 表示无反馈；1 表示将发送的数据内部反馈给自己接收。

SYNC：模式选择位；0 表示 UART 模式；1 表示 SPI 模式。

MM：多机模式选择位；0 表示线路空闲多机协议；1 表示地址位多机协议。

SWRST：控制位；0 表示串口处于工作状态；1 表示串口处于复位状态，相关控制寄存器可重新设置；初始化时，应先将该位置 1，然后设置相关寄存器，再将其清 0，然后可进行正常的发送接收操作。上电复位后为 1。

2）UxTCTL：发送控制寄存器

7	6	5	4	3	2	1	0
—	CKPL	SSELx		URXSE	TXWAKE	—	TXEPT

CKPL：时钟相位选择位；0 表示 UCLKI 为外部时钟引脚 UCLK；1 表示 UCLKI 为外部时钟引脚 UCLK 取反。

SSELx：波特率时钟源选择位；00 表示 UCLKI；01 表示 ACLK；10、11 表示 SMCLK。

URXSE：起始位侦测使能位；0 表示禁止侦测；1 表示允许侦测。

TXWAKE：发送唤醒位；0 表示待发送的为数据帧；1 表示待发送的为地址帧。

TXEPT：发送空标志，从机模式不使用；0 表示数据在发送，或 UxTXBUF 中有数据；1 表示发送移位寄存器和 UxTXBUF 均为空。

3）UxRCTL：接收控制寄存器

7	6	5	4	3	2	1	0
FE	PE	OE	BRK	URXEIE	URXWIE	RXWAKE	RXERR

FE：帧错误标志位；0 表示无帧错；1 表示接收的帧错误，即停止位为低电平。

PE：校验错误标志位，无校验时该位为 0；0 表示无校验错；1 表示接收帧校验出错。

OE：溢出标志位，前一次接收到的数据还没读取又接收到了新的数据；0 表示无溢出；1 表示溢出错误。

BRK：打断标志，在遗漏掉第一个停止位后，连续收到至少 10 位低电平时打断发生；0 表示无打断；1 表示打断发生。

URXEIE：接收出错中断使能位；0 表示接收到出错帧不送入 UxRXBUF，也不置位 URXIFGx 标志，相当于抛弃该帧；1 表示接收到出错帧也放入 UxRXBUF，并置位 URXIFGx 标志。

URXWIE：接收唤醒中断使能位，用来控制是否只有接收到地址帧才置位 URXIFGx；0 表示接收到所有帧都将 URXIFGx 置 1；1 表示只有接收到地址帧才将 URXIFGx 置 1。

RXWAKE：接收唤醒标志位；0 表示接收到的为数据帧；1 表示接收到的为地址帧。

RXERR：接收出错标志，表示 FE、PE、OE 或 BRK 至少有一个为 1；0 表示接收无错误；1 表示接收出错。

4）UxBR1 和 UxBR0：波特率控制寄存器高字节和低字节

这两个寄存器构成 16 位的分频值 UBR，波特率由所选的时钟源频率 BRCLK 经 UBR 分频得到：波特率 $=\dfrac{BRCLK}{UBR}$。注意：UBR 的最小值为 3。

5）UxMCTL：调整控制寄存器

该寄存器用来调整分频系数。由于晶振与波特率的商（即分频因子）通常不是整数，商的整数由 UxBR1 和 UxBR0 设置，小数部分就由 UxMCTL 设置。分频因子计算公式为：$N = UBR + \dfrac{M_0 + M_1 + \cdots + M_{n-1}}{n}$；其中 N 为分频因子；UBR 为 UxBR1 和 UxBR0 组成的 16 位分频值的整数部分；n 为通信帧的位数，包括了起始位、停止位等；$M_i(i = 0 \sim n-1)$ 为帧中各位对应的调整器值，如起始位对应 UxMCTL 的位 0，以此类推，超过 8 位的部分从位 0 开始重复。

6）UxRXBUF 和 UxTXBUF：接收缓冲寄存器和发送缓冲寄存器

接收缓冲寄存器 UxRXBUF 是接收到的数据存放的寄存器，供用户访问；发送缓冲寄存器 UxTXBUF 是数据发送时要写的寄存器。若传输数据为 7 位，则两个寄存器的最高位为 0。

7）ME1 和 ME2：外围模块允许寄存器

ME1：USART0 的外围模块允许寄存器。

7	6	5	4	3	2	1	0
UTXE0	URXE0	—	—	—	—	—	—

ME2：USART1 的外围模块允许寄存器。

7	6	5	4	3	2	1	0
—	—	UTXE1	URXE1	—	—	—	—

UTXEx：USARTx 发送模块使能位；0 表示禁止；1 表示允许。

URXEx：USARTx 接收模块使能位；0 表示禁止；1 表示允许。

8) IE1 和 IE2：中断允许寄存器

IE1：USART0 的中断允许寄存器。

7	6	5	4	3	2	1	0
UTXIE0	URXIE0	—	—	—	—	—	—

IE2：USART1 的中断允许寄存器。

7	6	5	4	3	2	1	0
—	—	UTXIE1	URXIE1	—	—	—	—

UTXIEx：发送中断允许位；0 表示中断禁止；1 表示中断允许。

URXIEx：接收中断允许位；0 表示中断禁止；1 表示中断允许。

9) IFG1 和 IFG2：中断标志寄存器

IFG1：USART0 的中断标志寄存器。

7	6	5	4	3	2	1	0
UTXIFG0	URXIFG0	—	—	—	—	—	—

IFG2：USART1 的中断标志寄存器。

7	6	5	4	3	2	1	0
—	—	UTXIFG1	URXIFG1	—	—	—	—

UTXIFGx：发送中断标志位，发送缓冲器 UxTXBUF 为空时硬件自动置 1，表示可装入下一个字节，不代表当前字节发送完毕；若中断允许，可请求中断，中断响应后自动清 0；若中断禁止，可在发送缓冲器装入下一个字节时自动清 0。上电复位后为 1。

URXIFGx：接收中断标志位，当 UxRXBUF 接收到一个字节时硬件自动置 1，表示接收完毕；若中断允许，可请求中断，中断响应后自动清 0；若中断禁止，可在读取接收缓冲器 UxRXBUF 时自动清 0。

3. UART 工作原理

1) UART 工作过程

（1）发送过程。

当 UTXEx 置 1 时，发生器使能，此时向发送缓冲区 UxTXBUF 写入数据，即可启动发送过程。数据由 UxTXBUF 送入移位器,由移位器依次从低位开始由 UTXDx 引脚送出去。当数据从 UxTXBUF 送入移位器后,UTXIFGx 标志置 1,可以将下一个待发送数据送入 UxTXBUF。当所有数据发送完毕,即 UxTXBUF 和移位器均为空时,TXEPT 标志置 1,此时才可将 UTXEx 清 0,来禁止发送过程。

若发送中断使能,则 UTXIFGx 标志置 1 后,就会向 CPU 请求中断;中断响应后,UTXIFGx 自动清 0。若禁止了发送中断,则 UTXIFGx 将在向 UxTXBUF 写入下一个待发送数据时清 0。

(2)接收过程。

当 URXEx 置 1 时,发生器使能,UART 模块会自动侦测 URXDx 引脚的信号。当接收到一个数据并将其送入接收缓冲区 UxRXBUF 后,URXIFGx 标志置 1,表示接收完 1 帧数据。

若接收中断使能,则 URXIFGx 标志置 1 后,就会向 CPU 请求中断;若 URXSE=0,即禁止接收起始位侦测,则中断响应后,URXIFGx 自动清 0;若 URXSE=1,则可通过读取 UxRXBUF 来将 URXIFGx 自动清 0。

若 URXSE、URXIEx 与通用中断 GIE 均为 1,则当接收线路 URXDx 引脚上出现起始下降沿,则向 CPU 请求中断,此时由于数据还未接收完,URXIFGx 标志不会置位。故在中断服务程序中,需通过判断 URXIFGx 是否为 1 来区分是起始沿侦测还是接收中断。

2)通信模式

UxCTL 寄存器中的 MM 标志位用来选择通信模式:线路空闲多机模式、地址位多机模式。当进行双机通信时,采用线路空闲多机模式;当 3 个以上器件进行多机通信时,既可以采用线路空闲多机模式,也可以采用地址位多机模式。

(1)线路空闲多机模式。

该模式下,通信线路的数据块间有 10 位以上的空闲时间分隔,数据块内各帧间空闲须小于 10 位。线路空闲后收到的第一个字符是地址字符。接收到地址字符后将其送入 UxRXBUF,RXWAKE 标志置 1。若地址与本机地址符合,则将 URXWIE 标志清 0,以便接收后面的数据;否则 URXWIE 仍保持 1,后续数据不接收,直到下一个地址到来。

(2)地址位多机模式。

该模式下,帧数据增加了一个地址位,该位为 1 表示地址帧,为 0 表示数据帧。地址位多机模式的接收与线路空闲多机模式类似,两者的差异在于表示地址字符的方式不同。

4. 串口初始化步骤

(1)设置 UxCTL 的 SWRST 为 1,表示进入复位状态,开始配置寄存器。

(2)设置 UxCTL 的其他位。

(3)设置 UxTCTL。

（4）设置波特率控制寄存器 UxBR1 和 UxBR0，从而设置波特率。

（5）根据需要设置调整控制寄存器 UxMCTL。

（6）设置 ME1/ME2，使能 UART 的发送接收器。

（7）设置 UxCTL 的 SWRST 为 0，表示寄存器配置完毕。

（8）根据需要开中断。

5. PC 机串口调试助手 Commix

图 2.7.4 是 PC 机的串口调试助手 Commix.exe 的界面，代表了 PC 机端的串口程序。其中串口一般选择 COM1，若用 USB 转的串口则根据设备管理器中显示的串口号进行设置；波特率根据系统需求设置，但必须和单片机设计的波特率一致；下面选中"输入 HEX"和"显示 HEX"，表示设置发送和接收的数据格式均为十六进制数据，1 个字节即 2 位十六进制，输入时无需加任何前后缀；设置完毕后点击"打开串口"；然后在发送区输入待发送的字节数据，点击"发送"；接收区会同时显示发送的内容和接收到的内容，分别用绿色和蓝色显示，中间的时间为发送到接收的时间间隔。

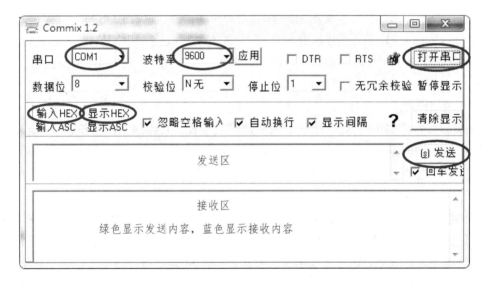

图 2.7.4　串口调试助手 Commix 的界面

6. 系统原理

图 2.7.5 显示系统串口部分原理。其中用了单片机的 UART0 模块，并用器件 MAX3232 实现单片机电平和计算机串口电平的转换。其中拨动开关 232 switch 需接在 ON 端，以保证闭合。注意转换后的发送引脚 RS232_TX1 连接了 DB9 接口的 2 号脚，RS232_RX1 连接 3 号脚；根据异步通信模式里对 DB9 的分析，2 号脚是 RXD，3 号脚是 TXD，故这里已经实现了 RXD 和 TXD 的交叉连接，从实验系统到 PC 机间的串口线为平行连接。

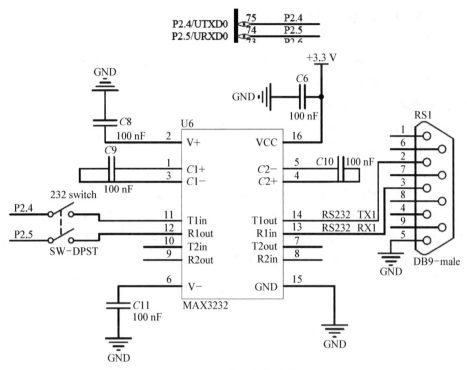

图 2.7.5 串口部分原理

7. 程序示例

下面给出了 UART0 模块的初始化程序,设置波特率 9 600 b/s,无校验,8 位数据位,1 位停止位。

```
// 串口初始化程序
void Uart0_Init(void)
{
    U0CTL = SWRST;         // 串口 0 模块进入复位状态
    U0CTL |= BIT4;         // 无奇偶校验,停止位 1 位,数据位 8 位
    U0TCTL = SSEL1|TXEPT;  // 时钟为 SMCLK,发送器为空
    U0BR0 = 0x41;          // 波特率 9 600 b/s=8 000 000/(U0BR1×256+U0BR0)
    U0BR1 = 0x03;          // 实际波特率为 9 603.84,基本满足误差要求
    ME1 |= URXE0|UTXE0;    // 串口接收和发送使能
    U0CTL &= ~SWRST;       // 串口 0 进入操作状态
    IE1 |= URXE0;          // 串口接收中断使能
}
```

8. 实训任务 2-10

1) 操作条件

(1) 仪器设备:实验箱 1 套,示波器 1 台,常用工具 1 套,仿真器 1 套。

145

（2）图纸资料：电路图 1 份。

2）操作内容

在实验系统上，连接实验系统与电脑的串口，PC 机端通过串口调试助手 Commix.exe 发送一个字节数据，将该数据通过 Led 显示出来（数字量 1 点亮 Led），同时实验系统收到数据后将该数据回发给 PC 机。

（1）根据电路图，写出本题使用的芯片名称。

（2）画出程序流程框图。

（3）完成程序设计。

（4）调试程序，测试串口信号发送引脚（P2.4）的输出波形。

3）操作要求

（1）正确画流程框图、完成程序设计。

（2）正确进行软硬件调试，测试时序波形。

项目 2.8 步进电机

1. 步进电机简介

步进电机是唯一一种能以固定角度进行旋转的直流电动机，它能将电脉冲信号转变为角位移或线位移。当步进驱动器接收到一个脉冲信号，它就驱动步进电机按设定的方向转动一个固定的角度，称为"步距角"，它的旋转是以固定的角度一步一步运行的。可以通过控制脉冲个数来控制角位移量，从而达到准确定位的目的；同时可以通过控制脉冲频率来控制电机转动的速度和加速度，从而达到调速的目的。步进电机实物如图 2.8.1 所示。

步进电机的步进尺寸范围是 $0.9° \sim 90°$，图 2.8.2 描述了一个由转子和定子构成的基本步进电动机。转子是一种永磁体，定子由电磁体构成。转子会通过励磁的铁的吸引来移动（步进），如果圆周上的场磁体能够依次励磁，那么转子就会旋转一周。

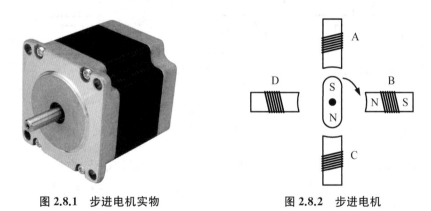

图 2.8.1 步进电机实物　　　　　　图 2.8.2 步进电机

2. 四相步进电机

四相（单极）是最为常见的步进电机，之所以称为四相电机，是因为电机有四个励磁线圈，且可以单独励磁。单极是指流经线圈中的电流方向始终不变。操作四相步进电机最简单的方法是按顺序为每一相励磁线圈励磁。图 2.8.2 中，可依次给线圈 A、B、C、D、A 励磁，可实现转子顺时针转动，若励磁方向相反，如线圈 A、D、C、B、A，则可实现逆时针转动。这种励磁方式称为单励磁，具体如图 2.8.3(a)所示，转子按 1 - 2 - 3 - 4 的顺序顺时针转动。

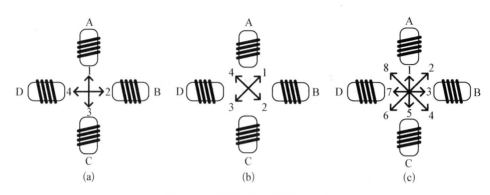

图 2.8.3 四相步进电机驱动方式

(a) 单励磁 (b) 双重励磁 (c) 八步驱动

若同时给两相线圈励磁,会比单励磁产生更大的扭矩,当然也会消耗更大的电流,此时转子的状态可参考图 2.8.3(b)。通过交替采用单励磁和双重励磁,可实现八步驱动方式,如图 2.8.3(c)所示,此时电机以半步的方式步进,精度提高一倍。

三种驱动方式对应的控制时序,如图 2.8.4 所示,其中线圈 A、B、C、D 对应四相,1、2、3、4 等对应拍数。图 2.8.4(a)和(b)为四相四拍,(c)为四相八拍。

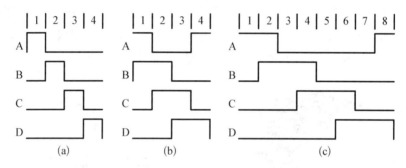

图 2.8.4 四相步进电机时序

(a) 单励磁 (b) 双重励磁 (c) 八步驱动

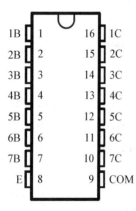

图 2.8.5 ULN2003 引脚

由于电机转子的转动是一个机械动作,自然需要一定时间才能完成,故图 2.8.4 中每一拍的时间必须大于电机转动的时间,否则无法正常转动。

3. ULN2003

ULN2003 是一款高压大电流达林顿管阵列电路,内含 7 对达林顿管,可用于步进电机的驱动,其引脚如图 2.8.5 所示。其中 1B~7B 为输入端,连接 TTL 电平信号;1C~7C 为输出端,连接步进电机,输出与输入端间有一反相器,即 C 端与 B 端反向;E 为发射极,接地;COM 为公共端,可接高电平。

4. 系统原理

图 2.8.6 给出了系统中步进电机的驱动电路,选用驱动器 ULN2003,由于选用的是 4 相步进电机,只需用到 4 路信号。另外单片机的 P2.3~P2.6 经拨动开关 S5 来驱动电机,由于系统中 I/O 端口功能复用,在不使用步进电机时,需将 S5 断开。系统上选用的步进电机型号为 24BYJ48 - 5 V,系统电源为 5 V,可用四相四拍或四相八拍方式控制。图 2.8.7 是键盘部分原理。操作步进电机时,需将步进电机模块与实验系统的 STEP MOTER 接口连接。

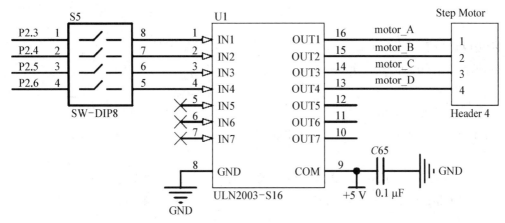

图 2.8.6 步进电机驱动电路

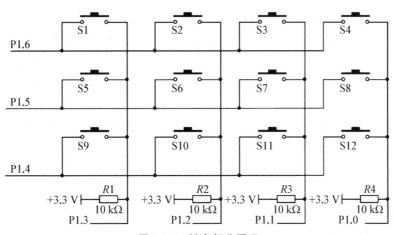

图 2.8.7 键盘部分原理

5. 程序示例

下面给出步进电机的相关控制函数。

```
#define POSITIVE 1
#define NEGATIVE 0
```

```
// 延时 x 微秒的函数,x 为延时的微秒数
void delay_us(unsigned int x)
{
    while(x——)
    {
        NOP();_NOP();
    }
}


// 步进电机控制程序;direct –方向,POSITIVE 或 NEGATIVE
void Step_Run(unsigned char direct)
{
    unsigned char i;
    for(i=0;i< 4;i++)          // 四相四拍
    {
        P2OUT |= (BIT3|BIT4|BIT5|BIT6);        // 四相均无效
        if(direct == POSITIVE)                 // 正向,顺时针
        {
            P2OUT = ~(0x40<< i) | 0x87;        // 控制脉冲顺序 DCBA
        }
        else                                   // 反向,逆时针
        {
            P2OUT = ~(0x08>> i) | 0x87;        // 控制脉冲顺序 ABCD
        }
        delay_us(2000);                        // 延时,待电机转动
    }
}
```

6. 实训任务 2 – 11

1) 操作条件

(1) 仪器设备:实验箱 1 套,示波器 1 台,常用工具 1 套,仿真器 1 套,步进电机模块 1 套。

(2) 图纸资料:电路图 1 份。

2) 操作内容

在实验系统上,控制步进电机转动,起始状态为顺时针转动,然后通过按键 S1 切换转动方向,每按一次 S1 切换一次方向。

(1) 根据电路图,写出本题使用的芯片名称。

（2）画出程序流程框图。

（3）完成程序设计。

（4）调试程序，测试电机的驱动信号（P2.3～P2.6）。

3）操作要求

（1）正确画流程框图、完成程序设计。

（2）正确进行软硬件调试，测试时序波形。

项目 2.9 综 合 实 训

　　前面完成的项目都仅包含一个.c 文件,但实际的一个项目通常是由多个文件构成的。特别大的系统,往往是由多人编程、调试,最后再连接到总的项目中,这就涉及多文件的处理。多文件结构可以把操作同一个器件的相关函数放在同一个文件中,若这部分调试完成,可以直接供其他项目调用;而且可以避免多次无谓的编译,因为编译是以文件为单位的,若上次编译后该文件没有变化,则无需再次编译;最后,可以将程序按逻辑功能划分为若干个文件,便于项目管理。

　　我们的实验系统中包含多个模块,每个模块可建立一个独立的.c 文件,比如数码管的显示控制、A/D 转换、SD 卡访问、键盘扫描等,可以将它们的相关函数放入一个个独立的.c 文件,然后再创建一个 main.c 的文件,用于编写 main 函数,实现项目功能。

　　每一个.c 文件(包括 main.c),都有一个对应的.h 头文件,一般习惯,两者文件名相同。头文件中一般包括常量的声明,全局变量的声明、函数声明,以及包含的其他头文件,而全局变量的定义一般建议放在.c 文件中。一个典型的头文件格式如下:

```
// 文件名：sd_card.h
#ifndef SD_CARD_H        // 宏命令,避免该头文件被多次包含
#define SD_CARD_H

#include "cpu_init.h"     // 包含其他头文件,本文件声明的函数中需要用到其他文件
                             中的变量或函数时使用

#define CMD_LEN      60    // 常量声明
#define BLOCK_LEN   512

extern unsigned char Res[5];     // sd_card.c 中的全局变量

void SD_Send_Idle(uint times);   // 函数声明
unsigned char SD_Rec_Byte(unsigned char * sda);
#endif              // 头文件结束
```

有的.c 文件中，可能要用到一些其他.c 文件中的变量或函数，且没有放入头文件，因此不能用包含头文件的方法，此时就需要再次声明。声明时，加上 extern 关键词，表示该函数或变量的定义不在本文件中，在外部其他文件中，如：

extern unsigned int SD_Card_SIZE;//外部变量

2.9.1 人体体温信号采集系统

1. 系统原理

图 2.9.1 为实验系统中体温信号的处理和测量模块，根据其电路原理可以计算出热敏阻值转化公式：$R = 9.400/(8.000 \times 4\,095/\text{ADC12MEM2} - 6.700)$，温度与阻值的对照如表 2.9.1 所示，两个温度间的值可按线性关系计算。温度传感器获得的信号经一系列预处理后送入单片机的 A/D 转换的模拟量输入引脚 A2，经片内 A/D 模块转换后，得到的体温数据可由数码管显示模块显示，如图 2.9.2 所示。

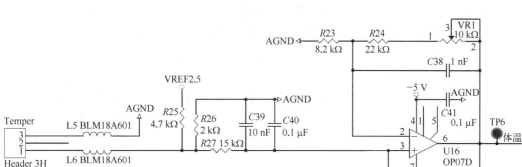

图 2.9.1 体温信号处理测量模块

表 2.9.1 热敏电阻温度与阻值对照

温度/℃	阻值/Ω	温度/℃	阻值/Ω	温度/℃	阻值/Ω	温度/℃	阻值/Ω
25.0	2 253.0	30.0	1 815.0	35.0	1 471.0	40.0	1 200.0
26.0	2 156.6	31.0	1 739.4	36.0	1 411.6	41.0	1 152.8
27.0	2 064.9	32.0	1 667.3	37.0	1 354.9	42.0	1 107.8
28.0	1 977.5	33.0	1 598.7	38.0	1 300.8	43.0	1 064.7
29.0	1 891.3	34.0	1 533.3	39.0	1 249.2	44.0	1 023.5

2. 实训任务 2-12

1) 操作条件

(1) 仪器设备：实验箱 1 套，示波器 1 台，常用工具 1 套，仿真器 1 套。

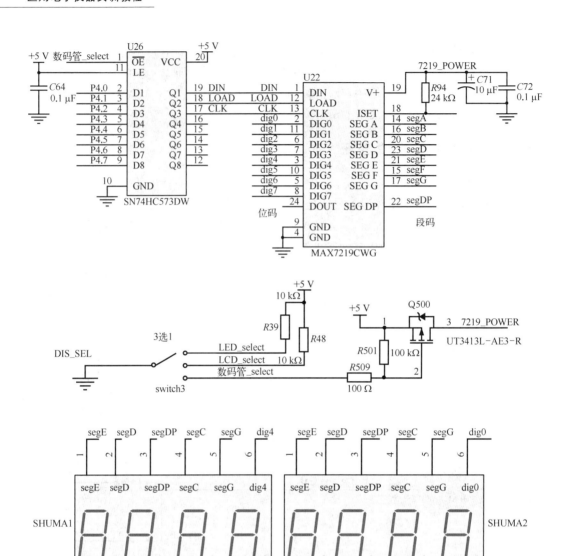

图 2.9.2 数码管原理

（2）图纸资料：电路图 1 份。

2）操作内容

在实验系统上，接入体温探头，并将探头握于手心，将连续测量 100 次的温度均值显示在数码管上，显示格式"××.×℃"；℃ 显示为⊓Ɩ。

（1）根据电路图，写出本题使用的芯片名称。

（2）画出程序流程框图。

（3）完成程序设计。

（4）调试程序，测量温度信号（TP6）的变化，记录波形。

3）操作要求

（1）正确画流程框图、完成程序设计。

（2）正确进行软硬件调试，测试波形。

2.9.2 人体心电信号采集与显示

1. 系统原理

图 2.9.3 和图 2.9.4 分别是心电信号的导联选择和输出电路，表 2.9.2 为导联选择控制。其中 J4 需短接 2～3 两脚，即实验系统上 J4 下方的两脚短接；在选择送入 CPU A/D

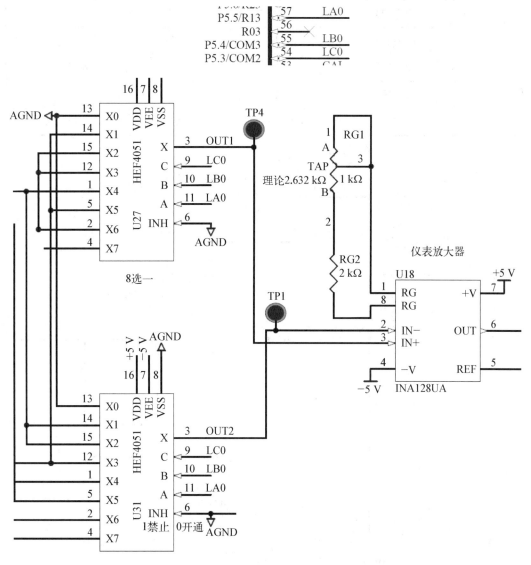

图 2.9.3　心电信号导联选择原理

模拟量输入引脚A_{in}（A1）时，需选择心电信号放大输出的 ECGAD，即实验系统上，将 SWITCH 选择短路块的中间引脚与 ECG 短接。图 2.9.5 是点阵液晶部分原理，可用于心电波形的显示。

表 2.9.2　导联选择控制

CBA	IN+	IN−	导联	导联类型
000	AGND	AGND	模拟地	
001	L(左臂)	R(右臂)	I	
010	F(左腿)	R(右臂)	II	标准肢体导联
011	F(左腿)	L(左臂)	III	
100	R(右臂)	L+F	aVR	
101	L(左臂)	R+F	aVL	加压肢体导联
110	F(左腿)	R+L	aVF	
111	V1	威尔逊中心点	V1	胸导联

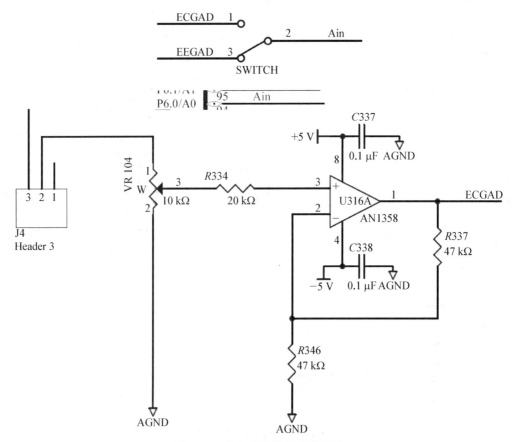

图 2.9.4　心电信号输出采样原理

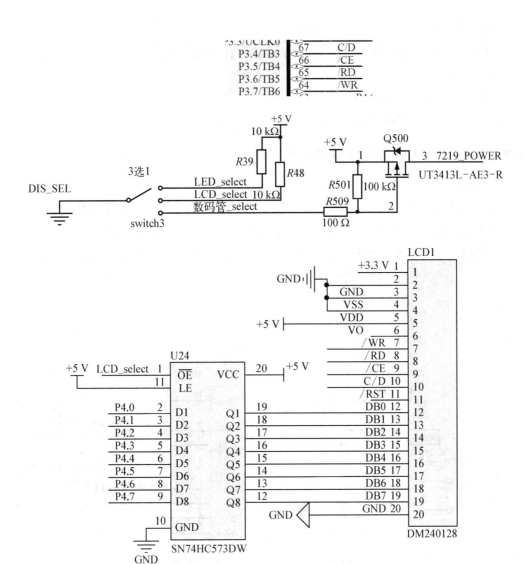

图 2.9.5　液晶部分原理

2. 实训任务 2 - 13

1) 操作条件

(1) 仪器设备: 实验箱 1 套, 示波器 1 台, 常用工具 1 套, 仿真器 1 套。

(2) 图纸资料: 电路图 1 份。

2) 操作内容

在实验系统上, 将模拟心电信号发生器经心电导联线连入系统, 并选择 II 导联的心电信号, 将实时信号经 A/D 转换后送入液晶实时显示。

(1) 根据电路图, 写出本题使用的芯片名称。

(2) 画出程序流程框图。

（3）完成程序设计。

（4）调试程序,测试心电信号（P6.0）的变化,与液晶显示的信号比较,记录波形。

3）操作要求

（1）正确画流程框图、完成程序设计。

（2）正确进行软硬件调试,测试波形。

2.9.3　PC机中央控制心电信号采集系统

1. 系统原理

心电导联选择与心电信号的产生如图 2.9.3 和 2.9.4 所示,导联控制如表 2.9.1 所示,具体的系统连接要求也可参考 2.9.2 节中的要求。串口部分原理如图 2.9.6 所示,实验系统上,将 2 个拨动开关 232 switch 均切换到 ON 状态。PC 机软件界面如图 2.9.7 所示。

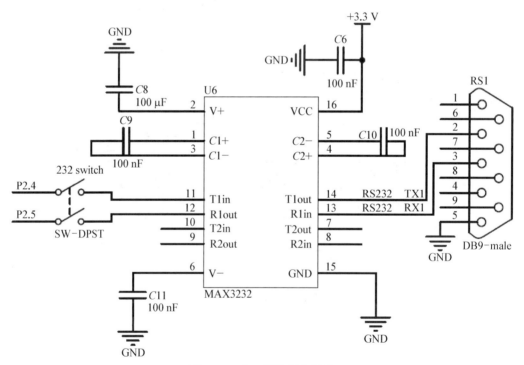

图 2.9.6　串口通信部分原理

PC 机上心电信号采集系统打开后,确认串口线已连接 COM1,点击"打开串口"按键;在实验系统程序运行的前提下,点击"启动采样",此时 PC 机经串口发送"S"给实验系统,实验系统收到后对所选导联的实时心电信号进行实时采样,同时将采样数据转换成单字节经串口送上位机软件实时显示;在收到实验系统传来的心电数据后,即可在界面上显示实时的心电波形;点击"停止采样",发送"E"给实验系统,实验系统收到后停止采样与输出,等待其他命令。

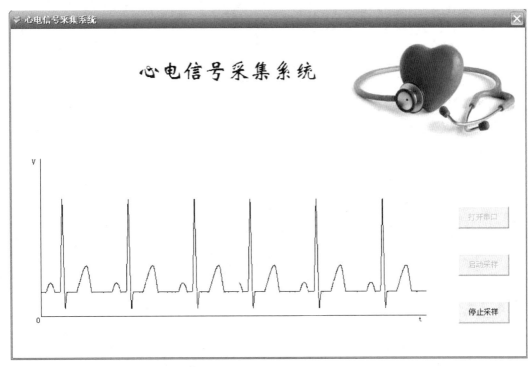

图 2.9.7　PC 机软件心电信号采集系统界面

2. 实训任务 2－14

1) 操作条件

(1) 仪器设备：实验箱 1 套，示波器 1 台，常用工具 1 套，仿真器 1 套。

(2) 图纸资料：电路图 1 份。

2) 操作内容

在实验系统上，将模拟心电信号发生器经心电导联线连入系统，并选择 II 导联的心电信号，将实时信号经 A/D 转换后串口发送给 PC 机显示。

(1) 根据电路图，写出本题使用的芯片名称。

(2) 画出程序流程框图。

(3) 完成程序设计。

(4) 调试程序，测试心电信号（P6.0）的变化，与 PC 机显示的信号比较，记录波形。

3) 操作要求

(1) 正确画流程框图、完成程序设计。

(2) 正确进行软硬件调试，测试波形。

技能实训 3

数字心电图机维修

概述　数字心电图机实训箱

本数字心电图机实训箱在设计过程中参考了日本光电 ECG－6951D 的相关设计,同时考虑到做实验的方便性,将全部电路开放出来,便于对心电图机的内部结构和电路原理有较为直观的认识和理解。

实训箱由电源区、模拟区、数字区、故障区、显示和操作区等部分构成,可通过显示和操作区的按键进行功能设置和操作。实训箱基本结构布局如图 3.0.1 所示。

采集到的心电信号,通过滤波放大后送入主控制器进行处理,由液晶屏和指示灯显示处理后的波形和参数数据。

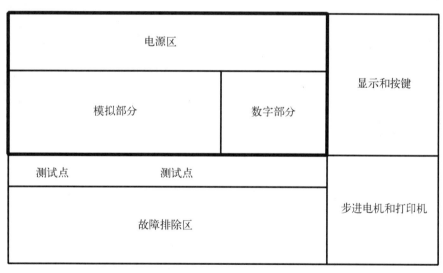

图 3.0.1　实 验 箱 布 局

1. 基本性能参数

心电图机实训箱的基本性能参数有以下 16 个。① 输入电压:AC 220 V;② 输入功耗:<20 W;③ 导联信号输入方式:浮地;④ 输入阻抗:≥20 MΩ;⑤ 灵敏度:三挡,分别是 5 mm/mV、10 mm/mV、20 mm/mV;⑥ 心电噪声电平:≤30 μV_{p-p};⑦ 时间常数:≥1.5 s;⑧ 心电共模抑制比:≥10^5 dB;⑨ 线性误差:≤10%;⑩ 心电频率响应:0.05～100 Hz;⑪ 漏电流:<100 μA;⑫ 走纸速度:25 mm/s、50 mm/s;⑬ 肌电滤波干扰:45 Hz

（-3 dB）；⑭ 耐极化电压：±400 mV；⑮ 基线控制：自动调整；⑯ 记录方式：热敏打印。

2. 基本配置

心电图机实训箱基本配置是，手动/自动操作模式可选；使用 16 位 MSP430F169 单片机作为核心控制芯片；240×128 分辨率液晶屏，清晰显示心电图波形与工作状态，实现先观察后打印，节约记录纸；十二导联同步采集，通过对心电信号的工频滤波、基线滤波和肌电滤波，十二位的采样精度可以获得更高质量的心电图谱；具有指示灯，用以指示打印模式、灵敏度、走纸速度、滤波器等状态，方便操作；具有故障设置和排除功能，同时可以进行故障编码设置。

项目 3.1 心电图机模拟放大器常见故障与排除

3.1.1 定标误差大(实训任务 3‑1)

1. 操作条件

(1) 仪器:心电图机实训箱 1 台,螺丝刀 1 把,万用表 1 台。

(2) 图纸:心电图机前置放大器原理。

2. 故障现象

在 10 mm/mV 条件下,按下"定标"键,定标误差大,如图 3.1.1 所示。

3. 操作内容

(1) 分析故障,并排除故障。

(2) 写出本次故障发生的原因及排除方法。

(3) 完成维修报告。

4. 实训任务分析

1) 电路原理

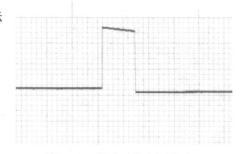

图 3.1.1 故障时的定标波形

心电波形的幅值是一个诊断的指标,因此,放大器的增益必须标准化。为此,常在前置放大器的输入端加入标准的 1 mV 信号,以便对整机增益(灵敏度)进行校准。

如图 3.1.2 所示,当整机 CPU 通过 CAL(定标)管脚输出"1"信号,即光电耦合开关 U12 的"CAL(定标)"置"1"时,电阻 $R103$、电阻 $R104$、电阻 $R149$ 与+2.5 V 电源相接,通过可变电阻 $R146$、电阻 $R165$ 加至运算放大器 U27 的参考端,通过调整 $R146$ 获得 1 mV 定标信号。其中 U27 的放大倍数由 $R68$ 和 $R80$ 决定,在此为 20 倍,REF 为参考端,在此引脚产生 20 mV 的电压等效于输入端输入 1 mV 的信号。

图 3.1.3 为心电信号放大电路框,输入的心电信号经前置级处理后,经光电隔离传输到后级电路经一步放大,当确定灵敏度后,增益可由 VR3 进行调整。

2) 操作要领

(1) 排除故障部分:

根据心电放大原理分析故障原因,可能故障点:

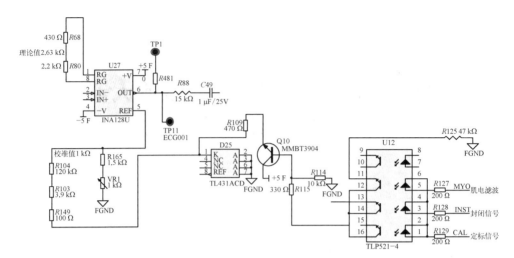

图 3.1.2　定　标　电　路

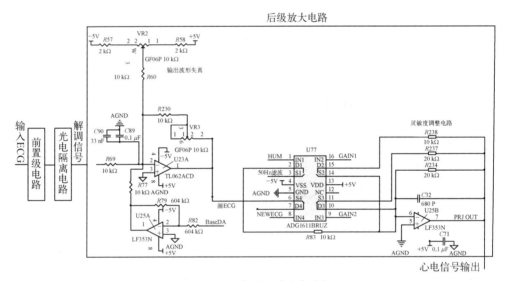

图 3.1.3　心电信号放大电路框

① 电位器 VR1 的调整可能有误差,该电位器用来产生 1 mV 定标信号。

② 电位器 VR3 的调整有误差,该电位器可用来调节心电图机整机增益。

(2) 检查过程:

① 插上实训箱总电源,打开左上角的电源开关,使系统通电,此时电源指示灯亮,液晶屏显示相应内容。

② 将实训箱操作面板上的灵敏度设置为"1"(10 mm/mV),导联设置为"测试导联",显示方式设置为"手动方式",走纸速度设置为"25 mm/s"。

③ 连续按动"定标"按键,并按下"打印"按键,打印机开始走纸并记录波形,记录下波形的偏转幅度 H_0(可用格子数表示)。

④ 计算误差:$\delta_1 = \dfrac{H_0 - 10}{10} \times 100\%$,若 δ_1 大于 5%,则心电图机定标误差大,需排

除故障。

⑤ 根据电路原理,在实训箱"测试导联"状态下,利用万用表测试 TP1 点,调整电位器 VR1,使该点电压为 20 mV,再次进行定标测试,并记录波形偏转幅度为 H_{v1}。

计算误差:$\delta_{21} = \dfrac{H_{v1} - 10}{10} \times 100\%$,若 δ_{21} 小于 5%,则故障排除,故障点为电位器 VR1。否则,电位器 VR3 的调整有误差,执行步骤 6。

⑥ 按实训箱的"开始/走纸"键,打印波形,连续按动"定标"按键,使用螺丝刀调节电位器 VR3,使打印机描记的波形高度尽量接近 10 mm,记作 H_{v2},使误差 δ_{22} 小于 5%。误差:$\delta_{22} = \dfrac{H_{v2} - 10}{10} \times 100\%$。

⑦ 故障排除,将定标波形幅度和误差结果记录于实验表 3.1.1 中。

(3) 检验操作部分:维修完成后,再次对心电图机实训箱进行 1 mV 定标,验证维修的结果。

表 3.1.1 定 标 检 测

	H_0/H_v	δ_1/δ_2
故障排除前		
故障排除后		

注:故障排除前,定标波形幅度记作 H_0,误差记作 δ_1;故障排除后,定标波形幅度记作 H_v(取 H_{v1} 或 H_{v2}),误差记作 δ_2(取 δ_{21} 或 δ_{22}),δ_2 应小于 5%。

5. 实训提示

线路板中安装的电位器只能单圈旋转 360°,因此,调整操作时,用螺丝刀旋转时,不能用力,只能缓慢、轻轻地边旋转边观察打印机打印的定标波形,单向旋转绝对不能超过 360°。

6. 实训思考

(1) 定标电压的作用什么?

(2) 若 VR3 调整有误,会出现什么故障现象?

3.1.2 心电波显示与描记异常(实训任务 3 - 2)

1. 操作条件

(1) 仪器:心电图机实训箱 1 台,万用表 1 台,心电模拟仪 1 台。

(2) 图纸:心电放大部分电路原理。

2. 故障现象

(1) 将实训箱电路中的 A1~A5,B1~B3,C1~C4 用短接块连接 T,选择 B4 区的 J31,J33 或 J35 其中一路短接。

(2) 连接心电模拟仪,开机,观察波形,若正常显示,则关机。在 J31、J33 或 J35 中重新选择一路短接,开机,观察到故障现象:按下导联切换键、定标键,都无心电波或定标信号显示或描记。

3. 操作内容

（1）分析故障，并排除故障。

（2）写出本次故障发生的原因及排除方法。

（3）故障排除后，画出 I 导联时的 ECG 点波形，验证维修的结果。

（4）完成维修报告的撰写。

4. 实训任务分析

1）电路原理

（1）心电信号脉宽调制。

心电模拟信号在光电耦合传输前，首先进行了脉宽调制，形成脉冲宽度调制信号（PWM）后再经光电传输、信号解调恢复模拟心电信号，送至主放大器。

本机采用脉冲调宽的方式，由 U34 比较器电路和 U14 三角波发生电路构成脉冲宽度调制（PWM）电路，如图 3.1.4 所示。U14A 与 U14B 组成正反馈电路，通过电容器 C59 和电阻 R26 使输出形成三角振荡波。输出三角波作为调制载波，加至 U34 比较器反相端，心电信号输入 U34 的同相端。

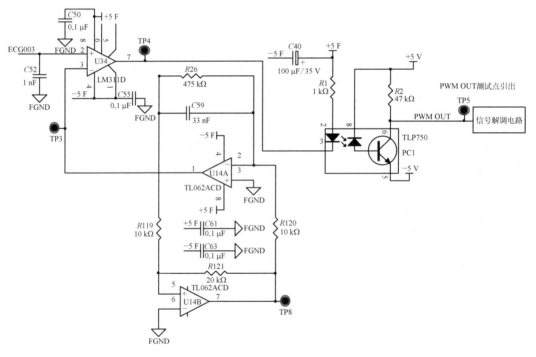

图 3.1.4 心电模拟信号的脉宽调制及光电隔离电路

（2）光电耦合。

光电耦合开关采用 TLP750 高速光电耦合器。脉冲调制信号为不同宽度的高低电平信号，电平的高低控制 PC1 的输入级二极管截止与导通，使得输出级相应截止与导通，PC1 输出心电脉宽调制信号。

（3）解调。

脉冲调宽信号的解调是将脉宽信号送入一个低通滤波器，滤波后的输出电压幅度与脉宽成正比；由 U24A、R70、R71、C26、C27 等阻容元件组成二阶有源低通滤波器，将心电信号解调出来，如图 3.1.5 所示。

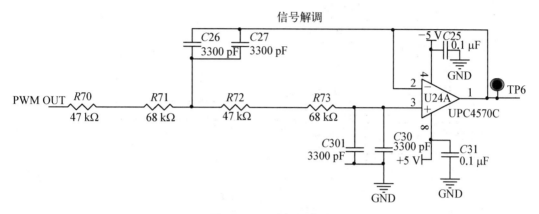

图 3.1.5　心电解调电路

2）操作要领

（1）排除故障部分：

根据故障，分析原因，判断可能故障点：① 浮地电源，② U14、U34 等有源器件损坏，③ 耦合电路故障。

（2）检查过程：

① 接上实训箱总电源，连接心电模拟仪，开机，电源指示灯亮，液晶显示器有正常的显示，说明微处理器工作正常。

② 将导联选择按键置于"测试导联"，连续按"定标"键。利用示波器测量 ECG 测试点（见图 3.1.6），无输出。

③ 切换导联，依次观察其他导联显示是否正常，波形是否正确，同时用示波器测试 ECG 点。

④ 切换导联至"导联 II"状态，根据电路原理，用示波器测试与心电信号隔离 PWM 调制的相关测试点：TP2、TP3、TP4、TP5 和 TP8，观察和测量每个测试点的波形与周期，判断与原理图中理论波形和周期是否相符，填写表 3.1.2。（测试时注意实地与虚地的不同，在实训箱上用虚线隔离。）

⑤ 如果步骤④检查均正常，则脉宽调制器以前均无故障，其后的光耦合器 PC1 及后续电路有故障可能。

⑥ 关机，找到实训箱的左下角故障区 B4（即光电隔离故障区，如图 3.1.7 所示），找到当前短路开关支路，打钩，并分别测量 J31、J33 和 J35 三个开关右侧管脚与 U34 输出端的连通情况，若不通，则测其对地电阻，将数据记录入表 3.1.3 中。

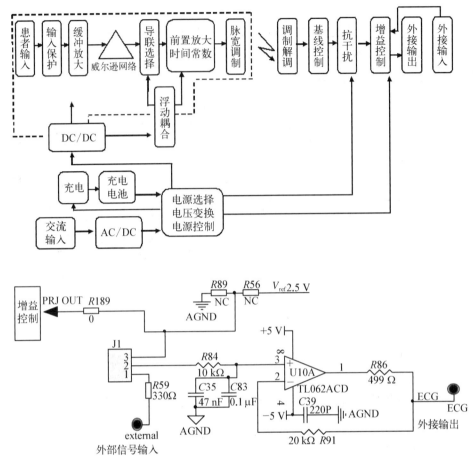

图 3.1.6 心电放大电路框及心电信号外接输出部分

表 3.1.2 在故障情况下各个测试点的波形和频率

测试点	TP2	TP3	TP4	TP5
波 形				
频 率				

注:利用示波器测量时,其输入端必须接"浮地"端。

⑦ 根据电路原理,心电信号经 U34 输出后,应送入光电隔离模块输入端,根据实验表 3.1.3 的测试情况,重新接短路块接入合适的支路,排除故障。

(3)检验操作部分:维修完成后,用示波器记录相应测试点波形于表 3.1.4 中。

3)性能检查

选择自动导联切换模式,记录"模拟心电"12 导联心电图,记录存档。

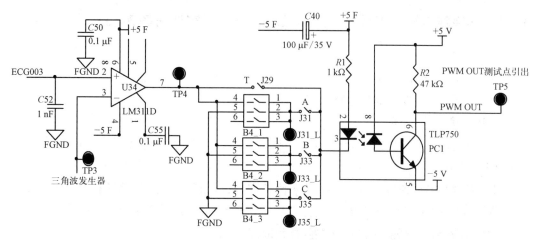

图 3.1.7　光电隔离故障区 B4 区

表 3.1.3　反馈端对地电阻测量结果(关机状态)

	J31 右管脚对地电阻	J33 右管脚对地电阻	J35 右管脚对地电阻
当前短路开关(请打钩)			
与 U34 输出端的连通情况,若是,请打钩			
阻值/kΩ			

表 3.1.4　故障排除后,各个测试点的波形和频率

测试点	TP2	TP4	TP5
波　形			
频　率			

5. 实训提示

(1) 故障排除时,先关机。

(2) 利用示波器和万用表进行测量时,注意参考点的选择。

6. 实训思考

(1) 心电放大器故障排除的一般流程是什么?

(2) PC1 光电耦合器的作用是什么?

(3) 利用示波器或万用表测量电压时,参考点选择的依据是什么?

3.1.3 导联转接显示正常,但部分导联波形异常(实训任务 3 - 3)

1. 操作条件

(1) 仪器:心电图机实训箱 1 台,万用表 1 台,心电模拟仪 1 台。

(2) 图纸:心电放大部分电路原理。

2. 故障现象

(1) 将实训箱电路中的 A1～A5,B2～B4,C1～C4 用短接块连接 T,将 B1 区的 J45、J46 或 J47 短接。

(2) 连接心电模拟仪,开机,切换导联转换键,发现故障现象:导联转换指示正常,但部分导联(V2～V6)输出波形异常(与标准导联比较)。若无故障现象,则关机,在 J45、J46 或 J47 中重新选择一路短接,再次检查,直到故障出现。

3. 操作内容

(1) 分析故障,并排除故障。

(2) 书面题:① 写出本次故障发生的原因及排除方法,② 画出威尔逊网络方框。

(3) 测量在 I 导联和 V2 导联时关键点 LD1、LD0、LC0、LB0、LA0 电压,验证维修结果。

(4) 性能检查,记录存档。

4. 实训任务分析

1) 电路原理

如图 3.1.8 所示,U26、U30、U15、U20 芯片 4051 是单通道数字控制模拟开关,有三个二进制控制输入端 A0、A1、A2 和 INH 输入。当 INH 为"1"时,该模拟开关处于"禁止"状态,没有一路通道接通。当 INH 为"0"时,三位二进制信号选通 8 通道中的某一通道,并连接该输入端至输出。

导联选择器的作用就是在某一时刻只能让某一心电导联被选中。该数字心电图机实训箱共设有 13 个导联(12 导联加上 TEST 导联),用 4 块 4051B 集成电路完成选择。在做某个导联时有 2 片 4051 工作,构成一组。其中 U26、U30 完成 TEST 导联、标准导联、加压导联和 V1 导联的选择,U15、U20 完成 V2～V6 导联的选择。

心电图机实训箱采用浮置电源保证患者安全,防止操作者带电危及患者,所以操作键均经光电耦合开关与相关多路模拟开关连接。系统 CPU 发出 LA、LB、LC、LD 控制信号,经过 U17 光电耦合开关转为 LA0、LB0、LC0 和 LD0 信号,如图 3.1.8 所示。LA0、LB0、LC0 分别送至 4 片 4051 的 A、B、C 端控制通道的选择。LD0 一方面送至 U26、U30 的 INH 控制端,选通该组 4051 芯片,配合 A、B、C 信号的组合实现 TEST 导联、标准导联、加压导联和 V1 导联的选择,如表 3.1.5 所示。同时,LD0 连接于三极管 Q4 的基极。当 LD0 为高电平时,三极管导通,LD1 为低电平,此时,可选中 U15、U20 芯片组,配合 A、B、C 的信号完成 V2～V6 导联的切换。

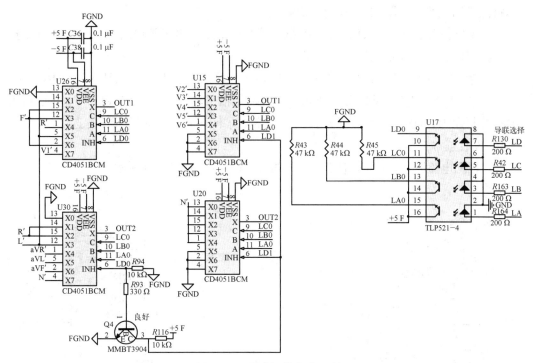

图 3.1.8　导联切换电路示意

表 3.1.5　导联选择真值

工作导联	耦合开关输入信号				U26、U30 输入				U26(X) 接通端子	U30(X) 接通端子
	LD	LA	LB	LC	INH	A	B	C		
封闭	0	0	0	0	0	0	0	0	X0(地)	X0(地)
I	0	0	0	1	0	0	0	1	X1(L)	X1(R)
II	0	0	1	0	0	0	1	0	X2(F)	X2(R)
III	0	0	1	1	0	0	1	1	X3(F)	X3(L)
aVR	0	1	0	0	0	1	0	0	X4(R)	X4(aVR)
aVL	0	1	0	1	0	1	0	1	X5(L)	X5(aVL)
aVF	0	1	1	0	0	1	1	0	X6(F)	X6(aVF)
V1	0	1	1	1	0	1	1	1	X7(V1)	X7(N)

2）操作要领

（1）排除故障部分：

液晶显示导联切换指示正常,说明 CPU 正常,但 V2～V6 导联无波形打印及显示,主要可能故障点有：光耦 U17 和 U15、U20 及外围电路等。

（2）检查过程：

① 利用示波器测量心电放大器模块的输出测试点 ECG,发现部分导联输出波形异

常,排除显示模块的问题,继续向前找故障点。

② 在导联切换时,LD0、LA0、LB0、LC0 管脚的电压输出跟随输入 LD、LA、LB、LC 控制信号同步变化,可判定光耦 U17 正常。

③ 继续向前查找,结合现象分析,发现切换导联时,封闭导联、I、II、III、aVR、aVL、aVF、V1 导联显示正常,因此 U26、U30 正常,控制信号输入正常。但 V2~V6 显示均为异常,分析原因,可能是导联选择开关的控制端出了问题,U15 和 U20 没有选中,导致模拟开关没有正常工作。

④ 根据电路原理,找到实训箱左下角的故障区 B1,如图 3.1.9 所示。

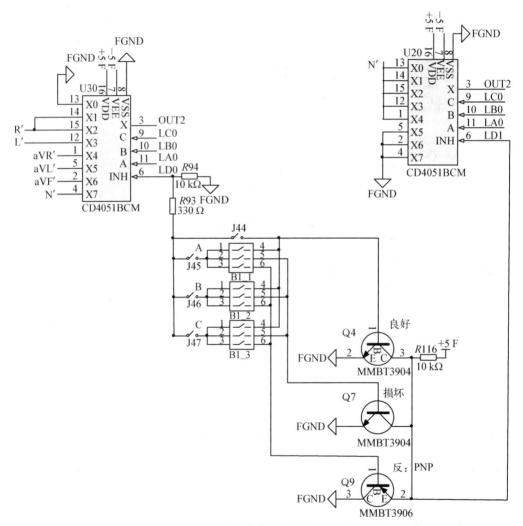

图 3.1.9　导联切换电路故障区示意

在 I 导联和 V2 导联下,依次将短路块放到 J45、J46、J47 上,分别测试模拟开关的 INH 端,即 LD0 和 LD1,并记录在表 3.1.6 中。

分析说明:三极管损坏或接错,致使导联切换不正常。

表 3.1.6　导联切换模拟开关控制端电压检测

导　　联	J45		J46		J47	
	I	V2	I	V2	I	V2
当前短路开关(请打钩)						
LA0						
LB0						
LC0						
LD0						
LD1						

⑤ 根据表 3.1.6 的测量结果,选择连接正确的短路块,故障排除。

(3) 检验操作部分:维修完成后,测量及记录在 I 和 V2 导联时关键点 LD1,LA0,LB0,LC0 电压,验证维修的结果,并记录在表 3.1.7 中。

表 3.1.7　导联切换模拟开关控制端电压检测

工作导联	耦合开关输入信号				U26、U30 输入				U26(X)接通端子	U30(X)接通端子	U15、U20 输入				U15(X)接通端子	U20(X)接通端子
	LD	LA	LB	LC	INH	A	B	C			INH	A	B	C		
I	0	0	0	1	0	0	0	1	X1(L)	X1(R)						
V2																

3) 性能检查

选择自动导联切换模式,记录"模拟心电"12 导联心电图,记录存档。

5. 实训提示

测量 LA、LB、LC、LD 和 LA0、LB0、LC0、LD0、LD1 时,注意实地和浮地的区别,参考点要选对。

6. 实训思考

(1) 思考 NPN 三极管与 PNP 三极管驱动方法有何不同。

(2) 熟悉多路选择器 CD4051 的各个管脚作用及控制方法。

3.1.4　时间常数电路异常(实训任务 3 - 4)

1. 操作条件

(1) 仪器:心电图机实训箱 1 台,万用表 1 台,心电模拟仪 1 台。

(2) 图纸:心电前置放大部分电路原理。

2. 故障现象

(1) 将实训箱电路中的 A1～A5、B1、B2、B4、C1～C4 用短接块连接 T,选择 B3 区的 J32 或 J34 其中一路短接。

（2）开机后，选择 TEST 导联，走纸速度选择 25 mm/s，长按"定标"键，打印，测量时间常数，发现故障：时间常数不符合要求。若符合要求，B3 区换一路短接，发现故障。

3. 操作内容

（1）分析故障，并排除故障。

（2）书面题：写出本次故障发生的原因及排除方法。

（3）性能检查，记录存档。

4. 实训任务分析

1）电路原理

患者的呼吸，电极偏置电位的变化，环境温度变化及身体移动都会引起基线漂移，为了消除这种伪波，一般在前置放大器和主放大器之间采用 RC 耦合电路构成时间常数电路（即低频滤波器或高通滤波器）。

本电路中，如图 3.1.10 所示，由 C49（1 μF）通过 B3 区短接块串联一电阻组成了时间常数电路，时间常数值为 $\tau = RC$（C 取 $C49$，1 μF）。时间常数决定了心电图机的低频响应。根据性能要求，心电图机的时间常数应该大于 3.2 s。

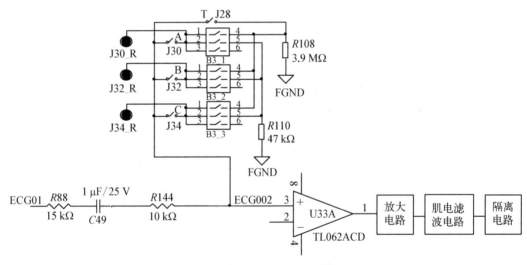

图 3.1.10　时间常数电路及故障区 B3

2）操作要领

（1）排除故障部分：

根据故障现象分析，时间常数不正常，分析时间常数电路出了问题，即电阻 R 或者电容 C 没有选择好。

（2）检查过程：

① 根据原理图分析，电阻电容都可能影响时间常数，电阻容易测量，在此首先检查电阻部分。

② 测量 J30、J32、J34 右侧引脚与浮地（FGND）之间的电阻，填写表 3.1.8。

表 3.1.8 故障时,短路块的连接情况及对地电阻(关机状态)

	J30 右管脚对地电阻	J32 右管脚对地电阻	J34 右管脚对地电阻
当前短路开关(请打钩)			
阻值/kΩ			

③ 根据故障现象和电路图,结合短接块的接入情况,判断电路故障的原因。

表 3.1.9 故障现象与阻值关系

现 象	时间常数正常	时间常数过短	时间常数过长
电 阻	3.9 MΩ	47 kΩ	无穷大

④ 关机。根据表 3.1.8 的测试情况及表 3.1.9 各故障现象原因对应情况,重新连接 B3 区的短路块,排除故障。

(3)检验操作部分:维修完成后,再次通过定标键测量时间常数,并记录。

3)性能检查

选择自动导联切换模式,记录"模拟心电"12 导联心电图,记录存档。

5. 实训提示

(1)测量 B3 区各短路块右管脚对地电阻时,注意参考地的选择,应选浮地端。

(2)电阻应该在关机状态下测量。

6. 实训思考

(1)时间常数电路的作用什么?

(2)若时间常数电路中,电阻正常,电容偏大或偏小将导致什么现象产生?

3.1.5 50 Hz 滤波故障(实训任务 3‑5)

1. 操作条件

(1)仪器:心电图机实训箱 1 台,示波器 1 台,心电模拟仪 1 台。

(2)图纸:心电后级放大部分电路原理。

2. 故障现象

开机后,连接心电模拟仪,选择交流滤波,打印,观察波形,发现干扰严重。

3. 操作内容

(1)分析故障,并排除故障。

(2)书面题:写出本次故障发生的原因及排除方法。

(3)性能检查,记录存档。

4. 实训任务分析

1)电路原理

工频干扰是影响生物电信号,尤其是心电信号检测质量的主要因素之一。为了消除

50 Hz工频干扰,在很多医学仪器中都使用了带阻滤波器。如图 3.1.11 所示,RC 双 T 带阻滤波电路。在该图中,电路增益为:$A_{uf} = 1 + \dfrac{R_{54}}{R_{75}}$,中心频率为:$\omega_0 = \dfrac{1}{(R_{140} + R_{141})C_{28}}$。

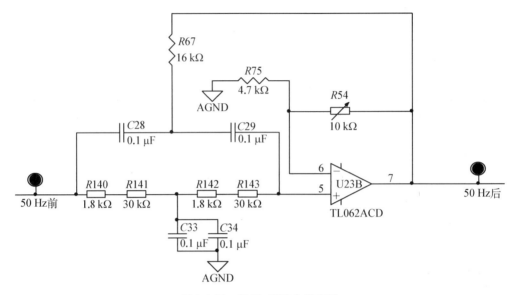

图 3.1.11　50 Hz 滤波电路原理

2）操作要领

（1）排除故障部分：

根据故障现象分析,在任意导联下,测试波形干扰大,考虑是肌电滤波电路或 50 Hz 交流滤波电路的故障。

（2）检查过程：

① 插上实训箱总电源,取出实训箱上盖的心电导联线,一端接在心电图机实训箱上,另一端接在心电模拟仪上,设置心电模拟参数（一般选择为默认上电参数即可）。

② 打开左上角的电源开关,使系统通电,此时电源指示灯亮,液晶屏显示相应内容。

③ 任意选中一导联,不选滤波,观察波形。

④ 导联选择不变,改变滤波选择,只选择肌电滤波,再次观察记录波形,波形干扰有所减少,但干扰依然很大,说明肌电滤波有作用,但大的干扰没有被滤除。

注:测量模拟心电时,主要影响应该在工频干扰部分。

⑤ 导联选择不变,同时选择交流滤波和肌电滤波,波形无大的变化,仍然干扰严重,证明交流滤波电路对干扰没有发挥作用,推测 50 Hz 交流滤波电路有故障。

⑥ 根据电路图,利用示波器检查 50 Hz 滤波前后的波形,波形基本无变化,故障可能在 50 Hz 滤波电路部分。

⑦ 根据电路图,调节电阻 $R54$（50 Hz 滤波调节电位器）,观察输出,发现干扰情况有所变化。调节 50 Hz 滤波调节电位器,直至波形达到最好,故障排除。

（3）检验操作部分：维修完成后，选择自动导联，观察各导联波形显示是否正常。

3）性能检查

选择自动导联切换模式，记录"模拟心电"12 导联心电图，记录存档。

5. 实训提示

注意用示波器观察 ECG 波形时，应选择低频数字存储模式。

6. 实训思考

（1）分析双 T 滤波器的工作原理。

（2）分析实训电路中，为实现 50 Hz 滤波，电位器应该选择合适的阻值范围。

项目 3.2　心电图机数字电路部分常见故障与排除

3.2.1　按键操作不正常(实训任务 3 - 6)

1. 操作条件

(1) 仪器：心电图机实训箱 1 台,万用表 1 台,心电模拟仪 1 台。

(2) 图纸：心电图机数字电路(部分)原理。

2. 故障现象

(1) 将实训箱电路中的 A1~A5、B1~B4、C2~C4 用短接块连接 T,将 C1 区的 J4 或 J10 短接。

(2) 开机后,当按下"导联切换↓"键、"滤波"键或"显示方式"键,发现按键不起作用。若无故障出现,重新选择 C1 区的一路短接,发现故障。

3. 操作内容

(1) 分析故障,并排除故障。

(2) 写出本次故障发生的原因及排除方法。

(3) 完成维修报告。

4. 实训任务分析

1) 电路原理

键盘是由一组常开的按键开关组成"矩阵式键盘"。本机采用的是 3×3 矩阵式键盘接口电路,如图 3.2.1 所示。CPU 通过 P2.6、P2.7 和 P3.0 提供一组列输出端口,通过 P2.3、P2.4、P2.5 提供一组行输入端口,构成含有 9 个按键的键盘。6 条 I/O 端口线分成 3 条行线和 3 条列线,按键设置在行线与列线的交叉点上,即按键开关的两端分别接在行线与列线上。行线再通过一个电阻连接电源,当没有键被按下时行线处于高电平状态。

"矩阵式键盘"的工作分为三个过程：① 查询是否有键闭合,② 求闭合键的键码,③ 去抖动。

(1) 发现有键闭合。

开始列线输出低电平,当没有键按下时,行线与列线断开,所有的行线均为高电平。

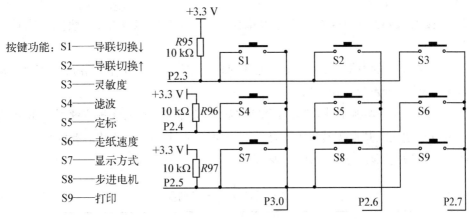

按键功能：S1——导联切换↓

S2——导联切换↑

S3——灵敏度

S4——滤波

S5——定标

S6——走纸速度

S7——显示方式

S8——步进电机

S9——打印

图 3.2.1 矩阵式键盘工作原理

当有一个按键按下时,则与此键对应的行线与列线接通,因此与该按键按下的相应行线也为低电平。

（2）求闭合键的键码。

① 第一步：决定被按下键所在的"行"。

CPU 通过程序向键盘列口输出数据 111（P2.6、P2.7、P3.0 为低电平）；然后,CPU 再通过程序从键盘行口读入数据（P2.3、P2.4、P2.5）,并判断被读入的数据是否为"000"。若为"111",则表示没有键按下；若不是,则表示有键按下。

例：假如,CPU 从键盘输入端口读入的数据 P2.3～P2.5＝101,中间一位是"0",由于与"0"位相对应的是键盘的第二行,就可确认第二行有键被按下。

② 第二步：决定被按下键所在的"列"。

要确定被测列上是否有按键按下,只要通过程序向该列口输出数据"0",而其余所有的列口输出数据"1"。然后 CPU 再从键盘的行口读入数据,并判断被读入的数据是否为全"1"；若不为全"1",则表示被按下键就在该列上。

每一个按键都由行号和列号来确定其在键盘中的位置,并对每个键定义了数字和命令。由该"矩阵电路"确定被按下的键后,程序就能执行该按键操作任务。

（3）去抖动。

一般按键所用开关为机械弹性开关,一个电压信号通过机械触点的断开、闭合过程会有一连串的抖动,抖动的时间长短一般由按键的机械特性决定,一般为 5～10 ms。

因为 RC 积分电路具有较好的吸收干扰脉冲的作用,所以只要选择适当的时间常数,让按键抖动信号先通过此滤波电路再输入 CPU,便可消除抖动的影响。

2）操作要领

（1）排除故障部分：

液晶显示导联切换指示正常,说明 CPU 正常,主要可能故障点：① 锁存器,② 译码器,③ 矩阵式键盘电路。

（2）检查过程：

① 连接实训箱总电源，连接心电模拟仪，设置心电模拟参数（一般选择默认上电参数）。

② 打开左上角的电源开关，系统通电，电源指示灯亮，液晶屏显示相应内容，Ⅰ导联有波形输出，说明微处理器工作正常。

③ 当按下"导联切换↓"键、"滤波"键或"显示方式"键，发现这些按键不起作用（注意在步进电机演示模式其他按键本来就是失效的，必须退出演示模式才能有效）。

④ 测量相关按键接点电压，填写表 3.2.1。

表 3.2.1　按键接点电压测量

按　键	S1（导联转换↓）		S4（滤波）		S7（显示方式）	
电压/V	行线接点	列线接点	行线接点	列线接点	行线接点	列线接点
放开按键	0 V	5 V				
揿下按键	0 V	0 V				

分析说明：图纸中 S1、S4、S7 三个按键正好处于同一列中，估计是列信号的传输出了问题，导致这三个按键的列信号无法输入，使按键按下前后都无变化。

⑤ 在按键按下前后，测 P3.0 的电平；P3.0 电平在按键前后不变化，怀疑可能是 C1 故障区的问题，检查 P3.0 与三个控制按键的连接情况。

⑥ 找到实训箱左下部的故障区 C1（见图 3.2.2），记录当前选择的短路块。

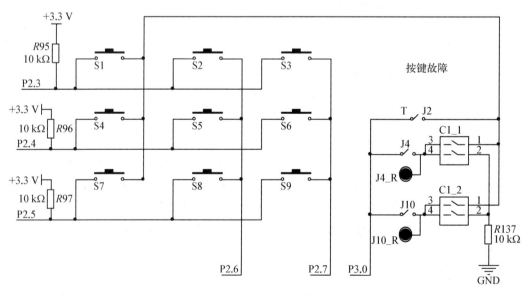

图 3.2.2　矩阵式键盘故障区示意

关机,测 C1 区 J4 和 J10 右侧管脚分别与 J2 右侧管脚之间是否导通,并记录于表 3.2.2 中。

表 3.2.2 线路情况测量结果(关机状态)

	J4 与 J2 右侧管脚间	J10 与 J2 右侧管脚间
当前短路开关(请打钩)		
电阻/Ω		

⑦ 根据表 3.2.1 和表 3.2.2 记录的数据,分析原理,重新连接短路块,故障排除。

(3) 检验操作部分:维修完成后,再次切换按键,按键能够均能正常转换。

3) 性能检查

选择自动导联切换模式,记录存档不同滤波情况下,"模拟心电"的 12 导联心电图。

5. 实训提示

(1) 观察按键情况,必须退出演示模式。

(2) 故障排除时,先关机。

6. 实训思考

(1) 写出本次故障发生的原因及排除方法。

(2) 说明故障发生时,为什么"导联切换↓"、"滤波"和"显示方式"三个按键同时失效。

(3) 思考使用矩阵按键和单独按键的优缺点。

3.2.2 走纸马达工作异常 1(实训任务 3-7)

1. 操作条件

(1) 仪器:心电图机实训箱 1 台,万用表 1 台,示波器 1 台。

(2) 图纸:心电图机数字电路(部分)原理。

2. 故障现象

(1) 将实训箱电路中的 A1~A5、B1~B4、C1、C3、C4 用短接块连接 T,将 C2 区的 J8 或 J11 短接。

(2) 开机后,按下液晶控制面板的"步进电机"按键,使实训箱进入步进电机演示模式,观察发现步进电机不能正常转动。若无此故障,则重新选择 C2 区的一路(J8 或 J11)短接,发现故障。

3. 操作内容

(1) 分析故障,并排除故障。

(2) 写出本次故障发生的原因及排除方法。

(3) 完成维修报告。

4. 实训任务分析

1) 电路原理

由"速度选择键"选择 25 mm/s 或 50 mm/s 决定 CPU(MSP430F196IPM)输出端子:

19(P1.7)，20(P2.0)，21(P2.1)，22(P2.2)输出 44 Hz 或 88 Hz 四相 $4V_{P-P}$ 方波脉冲，该脉冲功率可驱动四相同步电机，如图 3.2.3 所示。

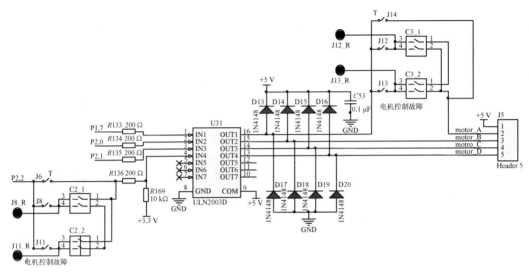

图 3.2.3　步进电机驱动电路及故障区原理

步进电机又称为脉冲电机，简称马达，它能将电脉冲转换为相应的角位移或直线位移。步进电机定子绕组的通电状态每改变一次，转子转一个确定的角度，当某一相绕阻通电时，对应的磁极产生磁场，并与转子形成磁路。这时，如果定子和转子的小齿没有对齐，在磁场的作用下，由于磁通具有力图走磁阻最小路径的特点，转子将转动一定的角度，使转子与定子的齿相互对齐，由此可见，错齿是促使电机旋转的原因。

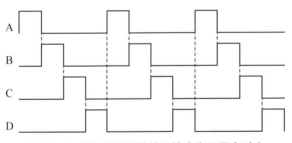

图 3.2.4　步进电机四相单四拍式绕组通电时序

图 3.2.4 为四相步进电机的工作时序，按 A→B→C→D 次序通电，步进电机将正常运转。否则，假设缺相或者次序混乱，步进电机将无法正常工作。

2）操作要领

（1）排除故障部分：

电机不转，主要可能故障点：

① ULN2003D 的四个输出通路短路，使脉冲电源没有传送到步进电机，致使电机不转。

② 微机发送的四路驱动信号 P1.7、P2.0、P2.1、P2.2 没有传送给 ULN2003D 的四个输入端，输入通路有故障，电机得不到脉冲电源，转子不转。

（2）检查过程：

① 插上实训箱总电源，打开电源开关，使系统通电，此时电源指示灯亮，液晶屏显示相应内容。

② 按下液晶控制面板的"步进电机"按键，使实训箱进入步进电机演示模式，观察发

现步进电机不能正常转动,关掉系统电源开关。

③ 检测表 3.2.3 中关键点波形,利用示波器两两测量微机发送的四路驱动控制信号 P1.7、P2.0、P2.1、P2.2,输出信号及传送中的关键点波形,并记录。

表 3.2.3 步进电机驱动信号

微机发送的控制信号	ULN2003 的输入		ULN2003 的输出		输　　出	
P1.7	IN1		OUT1		Motor_A	
P2.0	IN2		OUT 2		Motor_B	
P2.1	IN3		OUT 3		Motor_C	
P2.2	IN4		OUT 4		Motor_D	

④ 根据表 3.2.3 的测量结果,发现故障线路。

⑤ 在故障区,依次测量 C2 区的 J8 和 J11 以及 C3 区的 J12 和 J13 的通断情况,填入表 3.2.4 中。

表 3.2.4 C2、C3 故障区通断情况(关机状态)

测量引脚	J8 右侧到 R136	J11 右侧到 R136	J12 右侧到 J14 右侧	J13 右侧到 J14 右侧
当前短接打"√"				
短路或开路				

⑥ 关机。根据步骤⑤中的表 3.2.4 的测量结果,并结合步进电机驱动电路及故障区电路原理,正确连接短路块。

(3)检验操作部分:维修完成后,重复步骤①、步骤②,再次观察此时步进电机是否正常运转,测量此时步进电机的四相波形(A、B、C、D),并在表 3.2.5 中记录 B、D 两相波形。

3)性能检查

选择自动导联切换模式,记录存档不同滤波情况下,"模拟心电"的 12 导联心电图。

5. 实训提示

(1)观察马达工作情况,请先进入演示模式。

(2)故障排除时,先关机。

表 3.2.5　正常状态下步进电机相位波形测量

	波　形	频　率	Vpp
Motor_B			
Motor_D			

6. 实训思考

(1) 步进电机四相驱动的原理是什么?

(2) 心电图机选择不同的走纸速度时,CPU 输出的波形是否有变化? 当走纸速度选择"50 mm/s"时,CPU 输出波形的频率为多少?

3.2.3　走纸马达工作异常 2(实训任务 3-8)

1. 操作条件

(1) 仪器:心电图机实训箱 1 台,万用表 1 台,示波器 1 台。

(2) 图纸:心电图机数字电路(部分)原理。

2. 故障现象

(1) 将实训箱电路中的 A1~A5,B1~B4,C1、C2、C4 用短接块连接 T,将 C3 区的 J12 或 J13 短接。

(2) 开机后,按下液晶控制面板的"步进电机"按键,使实训箱进入步进电机演示模式,观察发现步进电机不能正常转动。若无此故障,则重新选择 C3 区的一路(J12 或 J13)短接。

3. 操作内容

(1) 分析故障,并排除故障。

(2) 写出本次故障发生的原因及排除方法。

(3) 完成维修报告。

4. 实训任务分析

1) 电路原理

同 3.2.2 走纸马达工作异常 1 中的电路原理。

2) 操作要领

(1) 排除故障部分:

电机不转,主要可能故障点:

① ULN2003D 的四个输出通路短路,使脉冲电源没有传送到步进电机,致使电机不转。

② 微机发送的四路驱动信号 P1.7、P2.0、P2.1、P2.2 没有传送给 ULN2003D 的四个输入端,输入通路有故障,电机得不到脉冲电源,转子不转。

(2) 检查过程:

① 插上实训箱总电源,打开电源开关,使系统通电,此时电源指示灯亮,液晶屏显示相应内容。

② 按下液晶控制面板的"步进电机"按键,使实训箱进入步进电机演示模式,观察发现步进电机不能正常转动,关掉系统电源开关。

③ 检测关键点波形,利用示波器两两测量微机发送的四路驱动控制信号 P1.7、P2.0、P2.1、P2.2,输出信号及传送中的关键点波形,并记录在表 3.2.6 中。

表 3.2.6　步进电机驱动信号

微机发送的控制信号		ULN2003 的输入		ULN2003 的输出		输　　出	
P1.7		IN1		OUT1		Motor_A	
P2.0		IN2		OUT 2		Motor_B	
P2.1		IN3		OUT 3		Motor_C	
P2.2		IN4		OUT 4		Motor_D	

④ 根据表 3.2.6 的测量结果,发现故障线路。

⑤ 在故障区,依次测量 C2 区的 J8 和 J11 以及 C3 区的 J12 和 J13 的通断情况,填入表 3.2.7 中。

表 3.2.7　C2、C3 故障区通断情况(关机状态)

测量引脚	J8 右侧到 R136	J11 右侧到 R136	J12 右侧到 J14 右侧	J13 右侧到 J14 右侧
当前短接打"√"				
短路或开路				

⑥ 关机。根据步骤⑤中的表 3.2.7 的测量结果,并结合步进电机驱动电路及故障区电路原理图,正确连接短路块。

(3) 检验操作部分:维修完成后,重复步骤①、步骤②,再次观察此时步进电机是否正常运转,测量此时步进电机的四相波形(A、B、C、D),并记录在表 3.2.8 中。

表 3.2.8　正常状态下步进电机相位波形测量

	波　形	频　率	V_{pp}
Motor_A			
Motor_B			
Motor_C			
Motor_D			

3）性能检查

选择自动导联切换模式,记录存档不同滤波情况下,"模拟心电"的 12 导联心电图。

5. 实训提示

（1）观察马达工作情况,请先进入演示模式。

（2）故障排除时,先关机。

6. 实训思考

（1）步进电机四相驱动的原理是什么?

（2）心电图机选择不同的走纸速度时,CPU 输出的波形是否有变化? 当走纸速度选择"50 mm/s"时,CPU 输出波形的频率为多少?

项目 3.3 电源故障

3.3.1 交流供电工作异常(实训任务 3‑9)

1. 操作条件

(1) 仪器:数字式心电图机实训箱 1 台,万用表 1 台。

(2) 图纸:心电图机电源电路。

2. 故障现象

(1) 在实训箱故障排除区中,将 A1 区的 J15 或 J17 短接,其余均连接 T。

(2) 打开电源后,电量指示正常,但液晶屏不亮或者仅液晶屏微亮且无字符显示。若无故障发生,则重新选择 A1 区的一路(J15 或 J17)短接。

3. 操作内容

(1) 分析故障,并排除故障。

(2) 书面题:① 写出本次故障发生的原因及排除方法,② 写出 U35 输出电压与电阻网络的关系表达式。

(3) 测量电源电路各直流点+3.3 V、+5 V、−5 V、+5 F、−5 F 电压。

(4) 使用"万用表"测试仪验证维修的结果。

(5) 全性能检测本机,选择部分记录存档;本次存档用交流供电记录"全导联心电图谱"一次。

4. 实训任务分析

1) 电路原理

(1) 整机电源电路原理:

本机电源由 220 V 交流电经整流滤波或电池电压变换为+12 V 直流电,如图 3.3.1(a)所示。+12 V 电压经降压型稳压器 MP1583 转换为+5 V 电压,如图 3.3.1(b)所示。所获得的+5 V 电压,一方面作为转换−5 V 电压、+3.3 V 电压的来源,另一方面作为整机中心电信号后级放大处理电路、液晶显示电路的电压供应。如图 3.3.1(c)所示,+5 V 电压经负电压转换器 ICL7660 转换为−5 V 电压,供心电信号后级放大处理电路使用。+5 V 电压经低压差线性稳压器 LM1117MPX‑3.3 转化为+3.3 V 电压,如图 3.3.1(d)所示,供MPU 电路使用。同时,+12 V 电压经隔离 DC‑DC 电源模块 G1205D‑2W 获得±5 V 的浮地电压,分别以+5 F 和−5 F 表示,供给前置级浮地电路使用,如图 3.3.1(e)所示。

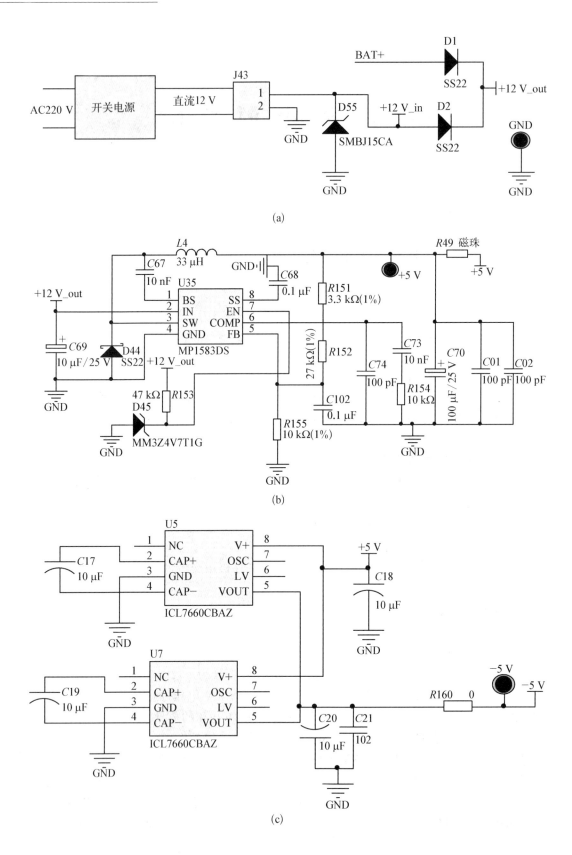

(a)

(b)

(c)

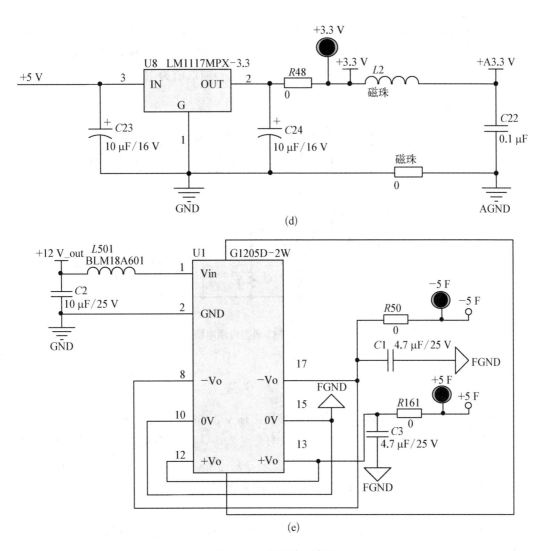

图 3.3.1　整机电源电路

(a) 交直流自动切换电路　(b) +5 V 电源电路　(c) -5 V 电源电路
(d) +3.3 V 电源电路　(e) 浮地电源电路

当电路中拨位开关 S10 至于 1、2 引脚短路时，1 号引脚获得 +12 V_DC2 电压，电量指示电路获得 +12 V_out 电压和 +12 V_DC2 电压，正常工作，在电压充足的情况下，三个电量指示灯点亮。

(2) +5 V 电源电路原理：

MP1583DS 是降压型稳压器，输入电压范围为 4.75～23 V，输出电流 3 A、输出电压 1.22～21 V 可调的线性、电流型降压稳压器。参考图 3.3.2，MP1583 的典型应用电路，根据输出电压公式可以得到输出电压值：

$$V_{\text{OUT}} = 1.22\ \text{V} \times \frac{R_1 + R_2}{R_2}$$

R_2 的取值可以高达 100 kΩ,典型值取为 10 kΩ。图中,R_1=16.9 kΩ,R_2=10 kΩ,则 $V_{OUT} \cong 3.3$ V。在本机电路中,为获得+5 V 电压,FB 端的电阻应正确取值。在本实验系统电路中,$R_1 = R_{151} + R_{152} = 30.3$ kΩ,则 R_2(即 R_{155})应取值为 10 kΩ。

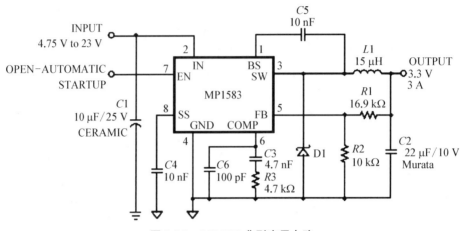

图 3.3.2 MP1583 典型应用电路

2) 操作要领

(1) 排除故障部分:

根据故障现象,分析电路,交流供电时整机工作不正常,主要可能故障点:

① 因为电池电量指示电路工作正常,说明交流 220 V 整流稳压输出的 12 V_out 电压正常。

② 各路电源电压可能不正常,导致部分电路工作异常。

(2) 检查过程:

① 在故障未解除的条件下,测量各路电源电压的测试点,找寻故障,记录在表3.3.1 中。

表 3.3.1　故障时各直流电压值

	+5 V	−5 V	+3.3 V	+5 F	−5 F
电压/V					

注意:在测量±5 F 浮置电压时,万用表/示波器的接地端需要接 FGND 测试点。

② 分析说明:本机各路直流电压由电池电压或交流整流后经各电压转换电路获得,而−5 V 和+3.3 V 电压均来自+5 V 电压的转换。经测量发现,故障时,+5 V 电压测试点电压值偏低,导致−5 V 和+3.3 V 均不正常。也就导致了后级放大处理电路、液晶显示电路、MPU 电路电压供应不足,工作异常。

③ 确定故障点:由电路可知,+5 V 电源电路模拟故障区为 A1 区,如图 3.3.3 所示,分别测量 J15、J16、J19 三个短路开关右侧管脚的对地电阻,并记录在表 3.3.2 中。可以发

现,当前被短路的开关对地电阻不等于 10 kΩ,导致输出电压小于 +5 V,从而导致整机工作异常的现象。

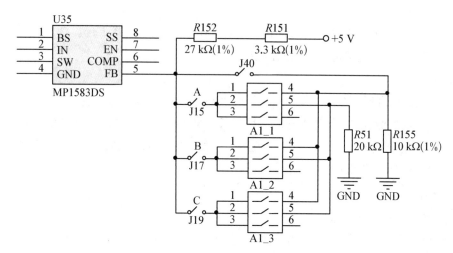

图 3.3.3　+5 V 电压输出局部电路

表 3.3.2　反馈端对地电阻测量结果

	J15 右管脚对地电阻	J17 右管脚对地电阻	J19 右管脚对地电阻
当前短路开关(请打钩)			
阻值/kΩ			

（3）检验操作部分：将短路块安置于正确的开关位置(J15、J16、J19 中选择正确的),液晶显示正常,各功能键指示灯点亮,整机工作正常。用"万用表"测量各路直流电压测试点,记录在表 3.3.3 中,验证维修的结果。

表 3.3.3　正常时各直流电压值

	+5 V	−5 V	+3.3 V	+5 F	−5 F	开关位置
电压/V						

3）性能检测

全性能检测本机,利用模拟心电用交流供电记录"全导联心电图谱"一次并存档。

5. 实训提示

（1）在测量 ±5 F 浮置电压时,万用表/示波器的接地端需要接 FGND 测试点。

（2）故障排除时,先关机。

6. 实训思考

（1）写出本次故障发生的原因及排除方法。

（2）说明整机电源电路的工作原理。

（3）思考为什么要用实地电源和浮地电源。

3.3.2 充电指示灯不亮(实训任务 3 - 10)

1. 操作条件

(1) 仪器：数字式心电图机实训箱 1 台,万用表 1 台,示波器 1 台。

(2) 图纸：模拟电池电路,电池充电电路。

2. 故障现象

(1) 将实训箱故障区中的 A2 区的 J42、J7 或 J9 短接,其余均连接 T。

(2) 开机,检测发现,当电池电量不足(<7.2 V)时,S10 开关投向"充电"位置,充电指示灯不亮,充电电路不工作。若无此故障出现,则重新从 A2 区的 J42、J7 或 J9 选择一路短接,直到该故障现象出现。

3. 操作内容

(1) 分析故障,并排除故障。

(2) 写出本次故障发生的原因及排除方法。

(3) 完成维修报告。

4. 实训任务分析

1) 电路原理

(1) 模拟电池。

如图 3.3.4 所示,本机采用 LM317 等元器件构成模拟电池电路。LM317 是输出正电压可调的三端稳压块,输出电压范围 1.2～37 V,输出最大电流 1.5 A。其输出电压仅需要通过外部电阻的调节就可获得。

$$U_{OUT}=1.25\ V\times\left[1+\frac{R_{16}+R_{P1}}{R_{13}}\right]+I_{ADJ}\times(R_{16}+R_{P1})=1.25\ V\times\left[1+\frac{R_{16}+R_{P1}}{R_{13}}\right]$$

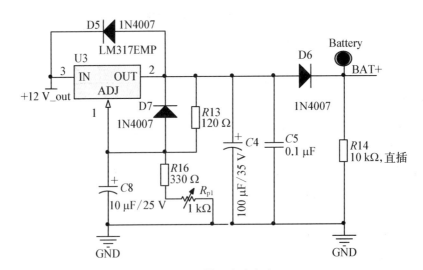

图 3.3.4 模拟电池电路

式中，I_{ADJ} 一般小于 100 μA，可忽略。由该式可得，模拟电池输出电压范围（理论值）4.69～15 V。由于输入电压为 +12 V 电压，故输出最大电压理论值不超过 12 V。LM317 输出电压经 D6 降压后范围约 4～10 V。

本机可通过调节可调电位器 R_{P1} 的阻值，实现模拟电池的输出电压的变化，观察电池电量变化导致的系统变化。

（2）充电电路。

系统采用 UC3906 构成模拟电池充电电路。UC3906 是铅酸蓄电池专用线性充电管理芯片，内部包含独立的电压控制回路和限流放大器，可以控制芯片内的驱动器。驱动器提供的输出电流达 25 mA，可直接驱动外部串联调整管，以调整充电器的输出电压和电流。电压和电流检测比较器可用于检测蓄电池的充电状态，同时还可以用来控制充电状态逻辑电路的输入信号。UC3906 的一个非常重要的特性就是其内部的精确基准电压随环境温度的变化规律与铅酸电池电压的温度特性完全一致。

当电池电压或温度过低时，充电使能比较器可控制充电器进入涓流充电状态。当驱动器截止时，该比较器还能输出 25 mA 涓流充电电流。其充电过程分为三个阶段，大电流恒流充电、高电压恒压过充电和低电压恒压浮充电 3 个状态。

如图 3.3.5 所示，UC3906 构成的双电平充电电路中，选择 S10 投向充电端子时，外部电源进入，开始充电。首先，由于 +12 V 电源电压加入，功率管 Q1 导通，开始大电流恒流充电状态，充电器输出恒定的充电电流 I_{max}，电池电压逐渐升高。同时充电器连续监控电池组的两端电压，电压经 R_9 和 R_{12} 分压后加到芯片内部的电压取样比较器反相输入端，即管脚 13。当电池电压增加至过充转换电压 $0.95 V_{OC}$（V_{OC}：过充电压）时，电池电量已恢复至 70%～90%，13 脚的输入导致芯片内部电压取样比较器输出低电平，充电电路转入过充电状态。在此状态下，充电电压维持在过充电压 V_{OC}，13 脚电压等于内部基准电压 V_{REF}。充电电流开始下降。当充电电流下降到过充终止电流 I_{OCT} 时，电池的容量已经达到额定容量的 100%，芯片内的电流取样比较器（2 脚、3 脚输入）输出中断。UC3906 内部的 10 μA 提升电流，使过充终止端（8 脚）电位升高，当电位上升到规定的门限值 1 V 时，片内充电状态逻辑电路使充电器转入浮充状态。充电器输出电压下降到较低的浮充电压 V_F。充电过程中的输出电压、转换电压由电阻网络决定，参考以下公式。I_{max} 和 I_{OCT} 分别由片内参数和 R_5 决定。

$$V_{OC} = V_{REF} \left[1 + \frac{R_8}{R_{12}} + \frac{R_8}{R_9} \right]$$

$$V_F = V_{REF} \left[1 + \frac{R_8}{R_{12}} \right]$$

在 25℃时，系统内部产生参考电压 $V_{REF} = 2.3$ V。由以上两式及图 3.3.4 中的电阻值，可得，$V_{OC} = 7.7$ V，$V_F = 7.2$ V。

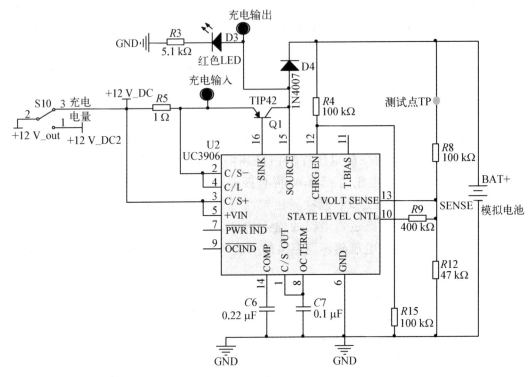

图 3.3.5　模拟电池充电电路原理

2）操作要领

（1）排除故障部分：

在电量不足且对充电电路施加了外部电源的前提下，充电指示灯不亮，主要可能故障点：Q1 开路，UC3906 损坏，D4 开路。

（2）检查过程：

① S10 投向电量，调节 R_{P1} 旋钮，左旋到底，将模拟电池电量降到最低。开机，测量此时的模拟电池电量 BAT＋，记录于表 3.3.4 中。

② 关机，S10 开关投向充电。开机，调节 R_{P1} 旋钮，观察充电指示灯 D3 的亮灭状态。发现充电指示灯始终处于不亮的状态。

③ 再次调节 R_{P1} 旋钮，左旋到底，测量表 3.3.4 中其余参数并记录，寻找故障。

表 3.3.4　故障时各关键点电压值

D3	S10 投向电量 BAT＋	S10 投向充电 BAT＋	充电输入	充电输出	SENSE	＊TP 点电压
不亮						

＊ 说明：TP 点即为 A2 区 J3 短路开关的左侧管脚，亦可为 J42、J7、J9 的左侧管脚。参考图 3.3.6。

④ 分析说明：测量结果发现电池电压较低，但实测 UC3906 管脚 13 的电压高于 V_{REF} ＝2.3 V，导致充电电路不工作，出现电量不足而充电指示灯不亮的故障现象。

⑤ 确定故障点：正常情况下，13 脚的信号来自电池电压经过电阻网络的分压，以检测电池电压的情况，及时控制充电状态。一旦 13 脚的信号不能真实反映电池电压状态，就会出现充电电路的故障。模拟故障设置在 A2 区，如图 3.3.6 所示。设定模拟电池电量最低（R_{P1} 旋钮左旋到底），测量表 3.3.5 中各短路情况下的 TP 点电位和 BAT＋电位。

注意：只有短路后，TP 点电位与 BAT＋电位相等的短路开关，才是正确的短路开关。

表 3.3.5　故障时各关键点电压值

	J42 短路		J7 短路		J9 短路	
	TP	BAT+	TP	BAT+	TP	BAT+
电压值/V						
当前短路开关（请打钩）						

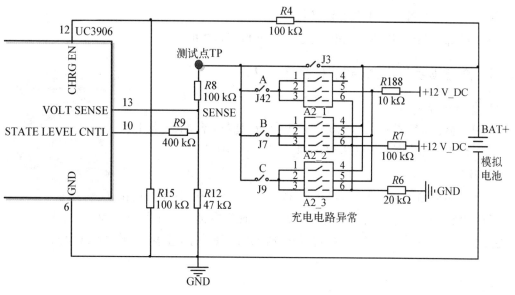

图 3.3.6　A2 模拟故障区电路

（3）检验操作部分：将短路块安置于正确的开关位置（J42、J7、J9 中选择正确的），电量旋钮左旋到底，并 S10 投向"充电"状态下，开机，充电指示灯点亮；升高模拟电池电量，观察充电指示灯状态，并在表 3.3.6 中记录测量值。

3）性能检测

全性能检测本机，利用模拟心电用交流供电记录"全导联心电图谱"一次并存档。

5. 实训提示

在测量充电情况和电量情况时，注意 S10 开关的选择。

表 3.3.6　正常时充电电路状态

S10 投向电量－BAT＋		S10 投向充电－BAT＋	充电输入	充电输出	SENSE	充电指示灯 D3 状态(亮 or 灭)
建议值	实际值					
4.2						
6						
7.1						
7.2						
7.3						
7.5						
7.8						
8						
9						

6. 实训思考

(1) 写出本次故障发生的原因及排除方法。

(2) 故障排除后,检测电池电量低于多少时,开始充电?

3.3.3　充电指示灯常亮(实训任务 3－11)

1. 操作条件

(1) 仪器:数字式心电图机实训箱 1 台,万用表 1 台,示波器 1 台。

(2) 图纸:心电图机电源电路原理。

2. 故障现象

(1) 将实训箱故障区中的 A2 区的 J42、J7 或 J9 短接,其余均连接 T。

(2) 开机,将 S10 开关投向"充电"位置,发现当电池电量不足和充足时,充电指示灯始终点亮。若无此故障现象发生,则重新选择 A2 区的一路短接,直到故障现象出现。

3. 操作内容

(1) 分析故障,并排除故障。

(2) 写出本次故障发生的原因及排除方法。

(3) 完成维修报告。

4. 实训任务分析

1) 电路原理

同 3.3.2 充电指示灯不亮中模拟电池及充电电路原理。

2) 操作要领

(1) 排除故障部分:

在电量不足和电量充足的情况下,对充电电路施加外部电源,充电指示灯均被点亮,主要可能故障点：Q1 短路，UC3906 外部电阻网络局部短路。

（2）检查过程：

① S10 开关投向检测电量的位置，调节 R_{P1} 旋钮，右旋到底，将模拟电池电量升到最高。开机，测量此时的模拟电池电量 BAT＋，记录于表 3.3.7 中。

② 关机，S10 开关投向充电的位置。开机，调节 R_{P1} 旋钮，观察充电指示灯 D3 的亮灭状态。发现充电指示灯始终处于点亮状态。

③ 重新调节 R_{P1} 旋钮，右旋到底，测量表 3.3.7 中其余参数并记录，找寻故障。

表 3.3.7　故障时各关键点电压值

D3	S10 投向电量 BAT＋	S10 投向充电 BAT＋	充电输入	充电输出	SENSE	＊TP 点电压
常亮					0 V	

＊ 说明：TP 点即为 A2 区 J3 短路开关的左侧管脚，亦可为 J42、J7、J9 的左侧管脚。参考图 3.3.7。

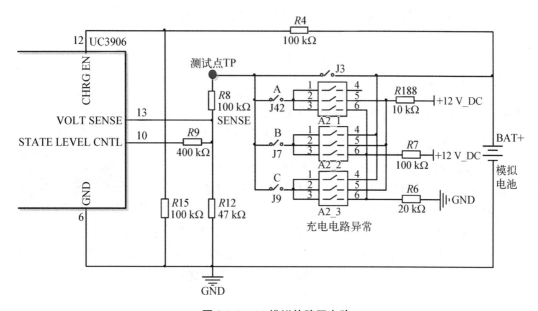

图 3.3.7　A2 模拟故障区电路

④ 分析说明：测量结果发现电池电压较高，电量充足。但实测 UC3906 管脚 13 的电压被限定于 2.27 V，低于 $V_{REF}=2.3$ V，导致充电电路始终处于过充电状态，出现电量充足而充电指示灯被点亮的故障现象。

⑤ 确定故障点：正常情况下，13 脚的信号来自电池电压经过电阻网络的分压，以检测电池电压的情况，及时控制充电状态。一旦 13 脚的信号不能真实反映电池电压状态，就会出现充电电路的故障。模拟故障设置在 A2 区，如图 3.3.7 所示。设定模拟电池电量最高，测量表 3.3.8 中各短路情况下的 TP 点电位和 BAT＋电位。

表 3.3.8　故障时各关键点电压值

	J42 短路		J7 短路		J9 短路	
	TP	BAT+	TP	BAT+	TP	BAT+
电压值/V			10.6 V		1.7 V	
当前短路开关（请打钩）					✓	

（3）检验操作部分：根据表 3.3.8 的测量结果，将短路块安置于正确的开关位置（J42、J7、J9 中选择正确的）。注意只有 TP 电位与 BAT+ 电位相等的短路开关，才是正确的短路开关。将电量旋钮左旋到底，并将 S10 投向"充电"状态下的位置，开机，充电指示灯点亮；升高模拟电池电量，观察充电指示灯状态。

3）性能检测

全性能检测本机，利用模拟心电用交流供电记录"全导联心电图谱"一次并存档。

5. 实训提示

在测量充电情况和电量情况时，注意 S10 开关的位置选择。

6. 实训思考

（1）写出本次故障发生的原因及排除方法。

（2）UC3906 的作用是什么？

3.3.4　电池电量指示异常 1（实训任务 3－12）

1. 操作条件

（1）仪器：数字式心电图机实训箱 1 台，万用表 1 台。

（2）图纸：心电图机电源电路（电量指示电路部分）原理。

2. 故障现象

（1）在实训箱故障排除区，将 A5 区的 J25 或 J26 短接，其余均连接 T。

（2）开机，将 S10 开关投向"电量"位置，电池电量指示灯不亮，其他工作正常。若无此故障现象发生，重新选择 A5 区的一路短接，观察到故障现象。

3. 操作内容

（1）分析故障，并排除故障。

（2）写出本次故障发生的原因及排除方法。

（3）完成维修报告。

4. 实训任务分析

1）电路原理

电源电路通过 S10 可实现 2 种工作状态——电量指示和充电状态的切换。将开关切换至电量指示状态，D10、D11、D12 三个指示灯显示当前电池电量，电量关系如表 3.3.9 所示。电量充足时，三个指示灯全部点亮，当电量逐渐下降时，三个指示灯依次熄灭，至最低电量指示灯闪烁，提示及时充电。

表 3.3.9 电量与电量指示灯的关系

电池电量(理论值)	D12	D11	D21
≈8.2 V	点亮	点亮	熄灭
≈7.7 V	熄灭	点亮	熄灭
≈7.2 V	闪烁	熄灭	熄灭

电量指示电路原理如图 3.3.8 所示。TL431 为可调并联型稳压源,参考电压端即

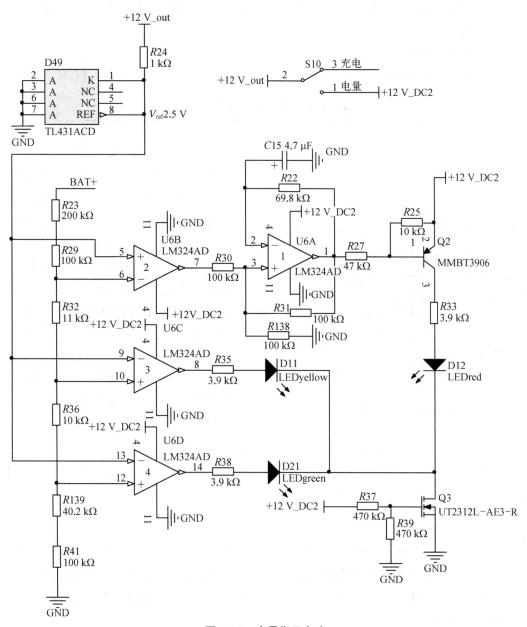

图 3.3.8 电量指示电路

REF端输出+2.5 V的参考电压,作为 U6B、U6C、U6D 各单端电源电压比较器电路的输入端,作为参考电压,比较器电路的另一个输入端信号来自经电阻网络分压后的电池电压 BAT+。根据电阻网络位置不同,分压值不同,相应得到不同挡的电池电压,一旦达到每个比较器电路的比较临界值,比较器翻转,相应的输出端的发光二极管(电量指示灯)状态翻转,提示电量变化。

电量指示灯点亮的前提是 Q3 的状态,当 Q3 导通时,发光二极管才有可能点亮。

2) 操作要领

(1) 排除故障部分:根据故障现象,分析电路,可能故障点:D21、D11、D12 都不亮,只可能是 Q3 断开。

(2) 检查过程:

① 在故障未解的条件下,测量 Q3 各极电压,记录在表 3.3.10 中,找寻故障。

表 3.3.10　故障时各关键点电压值

Q3 - S	Q3 - G	Q3 - D

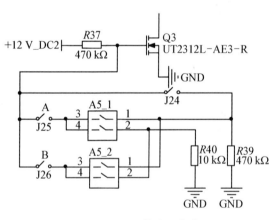

图 3.3.9　A5 故障区电路

② 分析说明:当 Q3 栅极电压为正时,Q3 才导通,D21、D11、D12 阴极电位为零,三个发光二极管才有可能点亮。

③ 确定故障点:由图 3.3.9 电路可知,Q3 电路模拟故障区为 A5 区,关机,分别测量 J25、J26 两个短路开关右侧管脚的对地电阻,填写表 3.3.11。可以发现,当前被短路的开关对地电阻等于 10 kΩ,导致 Q3 基极电压过低,接近于 0 V,所以 Q3 截止,从而导致三个电量指示灯全部不亮的现象。

表 3.3.11　反馈端对地电阻测量结果(关机状态)

	J25 右管脚对地电阻	J26 右管脚对地电阻
当前短路开关(请打钩)		
阻值/kΩ		

(3) 检验操作部分:将短路块安置于正确的开关位置(J25、J26 中选择正确的),开机,三个电量指示灯全部点亮,整机工作正常。用万用表测量原故障点验证维修的结果,记录在表 3.3.12 中。

表 3.3.12　正常时各关键点电压值

开关位置	Q3 - S	Q3 - G	Q3 - D

3）性能检测

全性能检测本机,利用模拟心电用交流供电记录"全导联心电图谱"一次并存档。

5. 实训提示

在测量充电情况和电量情况时,注意 S10 开关的位置选择。

6. 实训思考

(1) 写出本次故障发生的原因及排除方法。

(2) 简要描述充电电池的工作原理。

3.3.5　电池最低电量指示异常 2(实训任务 3 - 13)

1. 操作条件

(1) 仪器:数字式心电图机实训箱 1 台,万用表 1 台。

(2) 图纸:心电图机电源电路原理。

2. 故障现象

(1) 在实训箱故障排除区中,将 A4 区的 J21、J22 或 J23 短接,其余均连接 T。

(2) 开机,将 S10 开关投向"电量"位置,三个电池电量指示灯只能点亮两个,其中一个"电池最低电压"的指示灯不亮或微亮。若无此故障出现,则重新在 A4 区的 J21、J22 或 J23 选择一路连接,直到该故障出现。

3. 操作内容

(1) 分析故障,并排除故障。

(2) 写出本次故障发生的原因及排除方法。

(3) 完成维修报告。

4. 实训任务分析

1）电路原理

如图 3.3.8 所示,系统使用三只 LED 分别点亮表示电压状态。MP1583DS 用作稳压管,提供＋2.5 V 电压,输入 U6B、U6C、U6D 各单端电源电压比较器相应输入端作为参考电压。

(1) 三段电压比较器翻转时电池电压 U:

① 第一段:U6D。电池电压 $U_1 \geqslant 8.2$ V 时,U6D 输出为高电平,D21 点亮,

$U_1 = [2.5 \text{ V} \times (200 + 100 + 11 + 10 + 40.2 + 100) \text{k}\Omega] \div (40.2 + 100) \text{k}\Omega \approx 8.2 \text{ V}$。

② 第二段:U6C。电池电压 $U_2 \geqslant 7.7$ V 时,U6C 输出为高电平,D11 点亮,

$U_2 = [2.5 \text{ V} \times 461.2 \text{ k}\Omega] \div (10 + 40.2 + 100) \text{k}\Omega \approx 7.7 \text{ V}$。

③ 第三段:U6B。电池电压 $U_3 \geqslant 7.2$ V 时,D12 点亮;$U_3 \leqslant 7.2$ V 时 D12 闪烁,

$U_3 = [2.5\ \text{V} \times 461.2\ \text{k}\Omega] \div (11+10+40.2+100)\text{k}\Omega \approx 7.2\ \text{V}$。

(2) 电池电压$\geqslant$7.2 V时,D12点亮。

电池电压$+$12V_DC2经电阻分压,使运放 U6B 的 6 脚(反相输入端)得到电压$\geqslant$2.5 V时,单端电源比较器 U6B 输出为"0",送到运放 U6A 组成的振荡电路。电容 C15 和在同相端的电阻 $R30$、$R31$、$R138$ 组成振荡电路,运放 U6A 同相端输入为低电平,使得 U6A 输出为"0",迫使振荡器停振。电池电压经电阻 $R25$、$R27$ 分压,使晶体管 Q2 的 U_{eb} 为:

$U_{eb} = 12 \div (47\ \text{k}\Omega + 10\ \text{k}\Omega) \times 10\ \text{k}\Omega \approx 2.1\ \text{V} > \text{Q2}$ 导通电压(0.5 V)

于是,Q2 导通,D12 发光。

(3) 电池电压$\leqslant$7.2 V时,D12闪烁。

电池电压低,比较器 U6B 输出高电平约 12 V。输出电压通过电阻 $R30$、$R138$ 分压得 6 V,U6A 振荡电路工作。U6A 输出变化如图 3.3.10 所示,实现最低电量指示灯 D12 的闪烁指示。

经电阻 $R25$,$R27$ 分压使晶体管导通时得到 U6A 的输出电压"X"取值:

$U_{eb} = 0.5\ \text{V} = [(12-X) \div (47\ \text{k}\Omega + 10\ \text{k}\Omega)] \times 10\ \text{k}\Omega$,由此得:$X = 9.75\ \text{V}$。

结论:① U6A 输出电压$\geqslant$9.75 V时,D12 熄灭;② U6A 输出电压$\leqslant$9.75 V时,D12 点亮。

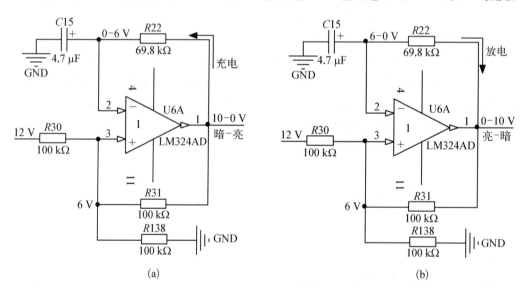

图 3.3.10 最低电量指示灯闪烁工作原理

(a) 电容 C15 充电,U6A 输出 10 V→0 V　(b) 电容 C15 放电,U6A 输出 0 V→10 V

2) 操作要领

(1) 排除故障部分:根据故障现象,分析电路,D12 不亮,可能故障点:晶体管 Q2 不工作,发光二极管 D12 不工作,电容 C15 短路。

(2) 检查过程:

① S10 开关投向"电量"位置,调节电位器改变模拟电池电压,保证 BAT+电量足够(即 D11、D21 均点亮)的情况下,测量并记录表 3.3.13 中相关电压,检查故障点。

表 3.3.13　故障时 Q2 工作状态测试

Q2 - e	Q2 - b	Q2 - c	D12 的阳极端

② 分析说明:正常工作是,Q2 导通,Q2 的 c 极为高电平,经过电阻 R33 至发光二极管 D12 的阳极,而 D12 阴极得低电平,从而 D12 点亮。

③ 确定故障点:由 Q2 各极的电压可知,Q2 处于正常的工作状态,但是 D12 的阳极端电压为 0,问题出在 Q2 和 D12 中间的元器件,即电阻 R33 发生断路故障,导致 D12 不亮。模拟故障设置在 A4 区域,如图 3.3.11 所示。

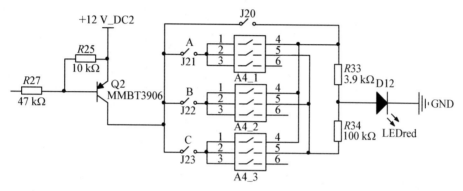

图 3.3.11　A4 故障区电路

关机后,测量并记录表 3.3.14 中各阻值。

表 3.3.14　电阻测量结果

	J21 右管脚对 D12 阳极端电阻	J22 右管脚对 D12 阳极端电阻	J23 右管脚对 D12 阳极端电阻
阻值/kΩ			
当前短路开关(请打钩)			

(3) 检验操作部分:将短路块安置于正确的开关位置(J21、J22、J23 中选择正确的),开机,三个电量指示灯全部点亮,整机工作正常。用万用表测量原故障点验证维修的结果,记录在表 3.3.15 中。

表 3.3.15　工作正常时 Q2 工作状态测试

开关位置	Q2 - e	Q2 - b	Q2 - c	D12 的阳极端

3) 性能检测

全性能检测本机,利用模拟心电用电池供电记录"全导联心电图谱"一次并存档。

5. 实训提示

（1）测量三极管时，注意 b、c、e 的区分。

（2）注意测量短路块对地电阻时，应关机。

6. 实训思考

（1）写出本次故障发生的原因及排除方法。

（2）思考假设图 3.3.8 中 C15 短路，将产生什么现象？C15 的作用是什么？

参 考 文 献

［1］康华光.电子技术基础(模拟部分)(第四版)[M].北京：高等教育出版社,1999.

［2］童诗白.模拟电子技术基础(第二版)[M].北京：高等教育出版社,1988.

［3］谭博学,苗汇静.集成电路原理及应用(第二版)[M].北京：电子工业出版社,2008.

［4］段尚枢.运算放大器应用基础(第二版)[M].哈尔滨：哈尔滨工业大学出版社,1998.

［5］陈大钦.电子技术基础实验——电子电路实验·设计·仿真(第二版)[M].北京：高等教育出版社,2000.

［6］程海凭等.医用电子线路实训和考核平台的设计与实践[J].广州：中国医学物理学杂志,2012,9.

［7］曹磊.MSP430 单片机 C 程序设计与实践[M].北京：北京航空航天大学出版社,2007.

［8］谢楷,赵建.MSP430 系列单片机系统工程设计与实践[M].北京：机械工业出版社,2016.

［9］吴建刚,孙喜文,孙志辉等.现代医用电子仪器原理与维修[M].北京：电子工业出版社,2005.

［10］余学飞.现代医学电子仪器原理与设计[M].广州：华南理工大学出版社,2007.

［11］王保华,关晓光,霍纪文等.生物医学测量与仪器[M].上海：复旦大学出版社,2002.

［12］莫国民,国雪飞,尚艳华等.医用电子仪器分析与维护[M].北京：人民卫生出版社,2011.

［13］李宁.现代医疗仪器设备与维护管理[M].北京：高等教育出版社,2009.

［14］赵志群.在工作过程中学习工作过程知识[J].江苏技术师范学院学报,2008,4(23)：25－29.

［15］徐海涛,罗海霞.维修电工职业技能考核鉴定教学案例探讨[J].知识经济,2015,19：151.

［16］杨素行.模拟电子技术基础简明教程[M].北京：高等教育出版社,2006.

［17］远坂俊昭,彭军.测量电子电路设计：模拟篇(从 OP 放大器实践电路到微弱信号的处理)[M].北京：科学出版社,2006.